U0186216

现实不似你所见

量子引力之旅

［意］卡洛·罗韦利　著

杨光　译

湖南科学技术出版社　博集天卷　CS·BOOKY

目录

Contents

自序

在我的整个研究生涯里，一直有朋友和好奇的人请我讲解量子引力到底是怎么一回事。我们如何得以研究这些思考空间和时间的全新方式呢？我一再被邀请以通俗的方式写一写量子引力。关于宇宙学或弦理论的书已经有很多了，但描述空间与时间的量子本质，尤其是关于圈量子引力（Loop Quantum Gravity）研究的书，却还未出现。长久以来我一直很犹豫，因为我想要专注于研究。但几年以前，在完成了关于这一研究课题的专业书籍后，我感到许多科学家的共同努力已经使这个主题达到一个成熟的阶段，足以出版一本普及读物了。我们正在探索的风景令人着迷，为何要把它藏起来呢？

但我还是推迟了这个计划，因为我无法在脑海中"看见"这本书。我要如何解释一个没有空间与时间的世界？2012年的某天晚上，在独自驾车从意大利到法国的途中，我意识到，要想以一种人们容易理解的方式阐释持续修正中的空间与时间的概念，唯一的方法就是把故事从头讲起：从德谟克利特（Democritus）开始，一直到空间的量子化。毕竟我就是这样理解这个故事的。我一边开车一边在头脑中构思整本书，并且越来越兴奋，直到我听到警车的鸣笛声，要我靠边停车：我严重超速了。意大利警察礼貌地问我，开得那么快，我是不是疯了。我解释道，我刚刚发现了一个已经寻觅良久的想法。警察并没有开罚单就放我走了，还祝我的那本书顺利，也就是你此刻读到的这本书。

这本书写完后于2014年年初在意大利首次出版。不久之后，我为一家意大利报纸写了一些有关基础物理学的文章。一家很有声望的意大利出版社阿德尔菲（Adelphi）请我对这些文章进行扩展，把它们出版成一个小册子。这就是那本小书《七堂极简物理课》的缘起，令我万分惊讶的是，它成了一本国际畅销书，并且在我与全世界那么多出色的读者之间开辟了一个美妙的交流渠道。那"七堂课"完成于本书之后，在一定程度上它们是你在这里遇到的一些主题的综合。如果你已经读过《七堂极简物理课》，并且想要了解更多，想要在它描绘的奇妙世界中深度旅行，那么在这本书里你会有更多发现。

我在这里给出的对现有物理学的描述，尽管以一种我自己所理解的独特视角呈现，但其中绝大部分并无争议。而本书中关于当前量子引力研究的描述，则是我个人对研究现状的理解。这是我们已然理解与尚未理解的边界地带，并且远未达成共识。我的物理学家同事们有些会赞同我在这里所写的，有些则不然。在介绍任何前沿知识的研究时，都会遇到这样的情况，但我想在一开始就坦率地表明态度：这并不是一本关于确定性的书，而是一本面向未知去冒险的书。

总的来讲，这是一本游记，描绘了人类最激动人心的旅程之一。在这段旅程中，我们会走出对现实有限而偏狭的视角，朝向对事物结构越发广博的理解。这是一段摆脱我们常识观念的奇妙旅程，而且还远远没有完成。

引言: 岸边漫步

Preface: Walking along the Shore

　　人类总是对自身感到着迷。我们研究自己的历史、心理、哲学与神明。我们大部分的知识都以人自身为中心，仿佛人类是宇宙中最重要的东西。我想我之所以喜欢物理，是因为它打开了一扇窗，让我们能看得更远。它给我们带来了新鲜的空气，让人耳目一新。

　　我们透过窗户所看到的东西一直令我们惊叹。关于宇宙我们已经了解了很多。几个世纪以来，我们逐渐意识到过去的我们竟然持有那么多错误的见解。我们曾认为地球是平的，是世界静止不变的中心。我们曾以为宇宙很小，而且从未改变。我们曾认为人类是一个独立的物种，与其他动物没有血缘关系。我们认识到夸克、黑洞、光子、空间波动的存在，认识了我们体内每个细胞令人惊奇的分子结构。人类就像个不断长大的孩子，惊奇地发现世界并非只有他的卧室和游乐场，而是如此辽阔，有许许多多的东西可以去发现，有数不清的观点与他最初以为的不同。宇宙参差多态，无边无际，我们不断发现它新的面向。我们对世界了解得越多，就越惊奇于它的多样、优美与简洁。

然而我们发现的越多，就越明白，比起已经了解的东西，我们尚未了解的要多得多。我们的望远镜功能越强大，看到的天空就越奇妙与出乎意料。我们越细致地观察物质的精微细节，就越认识到其结构的深刻。如今我们甚至可以观测到一百四十亿年前的大爆炸，那次让所有星系得以诞生的伟大爆炸——但我们已经开始瞥见一些比大爆炸更伟大的东西。我们认识到空间是弯曲的，并且已经预见到空间是由振动的量子微粒编织而成的。

我们关于世界基本法则的知识在不断增长。如果试着整合我们在 20 世纪学到的关于物理世界的知识，会发现许多线索表明世界与我们在学校里学到的大相径庭。世界的基本结构正在显现，它由许多量子事件生成，其中时间和空间都不存在。量子场将空间、时间、物质与光联系在一起，在事件之间交换信息。实在（Reality）是由独立事件构成的网络，概率使它们相互关联，在两个事件之间，空间、时间、物质与能量消融在一团概率云中。

在对基础物理学中悬而未决的主要问题——量子引力进行研究的过程中，奇妙的新世界正在逐渐显现。20世纪物理学有两大重要发现——广义相对论与量子理论，问题在于我们透过这二者认识的世界要怎样合理地整合在一起。我想把这本书献给量子引力，以及这项研究所展现的奇妙世界。

本书是当前研究的实况报道：我们正在研究的、已经了解的，以及认为我们开始理解的事物的基本特性。它从我们现在为了理解世界所使用的一些重要概念的古老起源出发，描述了20世纪的两项伟大发现——爱因斯坦的广义相对论与量子力学，并尝试聚焦于这些物理内容的核心。它讲述了如今量子引力研究中正在显现的世界图景，也注意到自然所给出的最新提示，例如，普朗克卫星对宇宙学的标准模型的证实，以及欧洲核子研究组织（CERN）未能成功观测到许多人预期的超对称粒子。它也讨论了这些理念的推论：空间的分立结构；时间在小尺度上的消失；大爆炸的物理学；黑洞的起源，以及信息在物理学基础中的重要作用。

在《理想国》的第七卷中，柏拉图讲述了一则著名的神话：一些人被束缚在漆黑的洞穴深处，只能看到他们身后火焰投射到墙上的影子。他们认为这就是真实。有个人挣脱了束缚，逃离了洞穴，发现了太阳的光芒和更广阔的世界。最初他的眼睛无法适应光线，感到头晕和困惑。然而最终他可以看见了，他兴奋地跑回同伴身边，告诉他们他所看到的。他们感到难以置信。

我们都处在洞穴的深处，被自身的无知与偏见束缚，有限的感官呈现给我们的只有影子。如果我们试图看得更远，就会感到困惑，感到很不习惯。但是我们仍然要尝试，这就是科学。科学思考就是要探索并重新描绘世界，逐步呈现越来越完善的图景，教我们以更有效的方式思考。科学就是对思维方式的不断探索，其力量在于用想象力推翻预设的观念，揭示实在的新面向，建立更新更有效的世界图景。这次冒险要倚仗过往的全部知识，但其核心是改变。这无限世界熠熠生辉，我们想亲眼见证。我们着迷于其神秘与优美，但在视线之外仍是未经探索之地。我们不完整与不确切的知识，飘摇在未知的无尽深渊之上，但这并不会使生命毫无意义，反而使其有趣且弥足珍贵。

我写这本书是为了记录在这趟历险中我眼中的奇景。我脑海中有一位特定的读者：他对如今的物理学一无所知，却乐于发现世界的基本构造，我们已经知晓的事和尚未理解的内容，以及目前的研究领域。我从这一视角所看到的实在的全貌以及它那动人心魄的优美，我也想要把它传达出来。

我也把这本书写给我的同事、世界各地的同道者，以及对科学怀有满腔热情的年轻人，他们正渴望开始这段旅程。借助相对论与量子物理学的光亮，我尝试勾勒出物理世界结构的大致轮廓，并试着将以上二者整合起来。这本书不仅揭示事实，也想要清楚地表达一种观点，因为物理学领域中抽象的专业术语有时可能会让人看不到更广阔的视野。科学由实验、假设、公式、计算与讨论组成，但这些只是工具，就如乐手的乐器。正如音乐中重要的是音乐本身，科学里真正重要的是科学所提供的对世界的理解。要理解地球围绕太阳转这一发现的重要性，无须弄懂哥白尼复杂的计算；要理解地球上所有生物都有共同祖先这一发现的重要性，也不必明白达尔文书中复杂的论证。科学就是以越发开阔的视角解读世界。

我们正在探索世界的全新图景，本书是对目前研究进展的说明。某个仲夏夜，我与一位同事兼朋友在岸边漫步，他问我：“那么，你认为事物的真正本质是什么呢？”本书正是我对这个问题的回答。

源 头

Roots

本书要追溯到二十六个世纪以前的米利都（Miletus）。一本关于量子引力的书，为何要从那么遥远的事情、人物与观念讲起呢？我希望那些急于读到空间量子化的读者不要反对我。因为从这些观念的源头讲起更有助于理解，许多对于理解世界很重要的观念都起源于两千多年以前。如果我们简要追溯其起源，这些观念就会更加清楚，理解后续的进展也会变得更简单、更自然。

除此之外，某些最初提出于古代的问题对于我们理解世界一直十分重要。关于空间的结构，一些最新的观念借鉴了很早以前提出的概念与问题。在谈及这些古老的观念时，我也会指出那些对量子引力来说非常关键的问题。因而在论及量子引力时，我们可以区分两类观点：一类是不为我们熟知的、但可以回溯到科学思想最源头的观念，另一类则是全新的观念。我们将会发现，古代科学家提出的问题与爱因斯坦和量子引力给出的答案之间的联系是多么惊人地紧密。

1. 微粒

Grains

据传说，公元前450年，有个人踏上了从米利都开往阿夫季拉（Abdera）的航船。这在知识史上是一次重要的旅程。

此人很可能是想要躲避米利都的政治动乱，当时那里的特权阶级正在暴力夺取政权。米利都一直是座发达繁华的希腊城市，也许是雅典与斯巴达黄金时代之前希腊最重要的城市。它一直是个繁华的商贸中心，统治着近百个聚居地与商

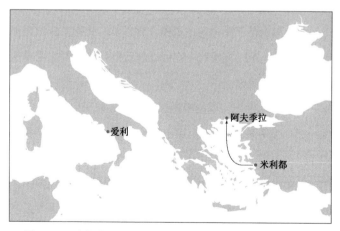

图 1.1 原子论学派的创立者、米利都的留基伯的旅程（约公元前450年）

贸村落，从黑海延伸至埃及。来自美索不达米亚的大篷车和地中海的船只来到米利都，使各种观念得以传播。

在前一个世纪，对人类而言至关重要的一场思想革命就发生在米利都。一些思想家重新表述了对世界提出问题与寻找答案的方式，其中最伟大的要数阿那克西曼德（Anaximander）。

自古以来，或者至少是有文本流传开始，人类就在问自己，世界是如何形成的，它由什么构成，何以如此有序，自然现象为何会产生。数千年来人们都给出了相似的答案：尽是精巧的故事，谈及精灵、神明、想象与虚构的生物，以及其他类似的事物。从楔形文字到中国古汉字，从金字塔中的象形文字到苏族人的神话，从最古老的印度文本到《圣经》，从非洲的传说到澳大利亚原住民的故事……所有这些看上去都很有趣，但从根本上来说却相当单调。再比如羽蛇神和印度圣牛，暴躁的、好争论的抑或友善的神，他们在深渊之上吸口气，念一句"要有光"就可以创造世界，或者把世界从一个石蛋里变出来。

公元前5世纪初期的米利都，泰勒斯（Thales）和他的学生阿那克西曼德、赫卡泰奥斯（Hecataeus）以及他们的学派发现了一种不同的寻找答案的方式。这一重要的思想革命开创了一种知识与理解的新模式，标志着科学思想的第一道曙光。

米利都派领悟到，通过灵活运用观察与推理，而不是在幻想、古代神话或宗教中寻找答案——最重要的是以敏锐的方式运用批判性思维——才有可能不断修正我们的世界观，发现隐藏在普遍观点之中的实在的新面向，才有可能发现新事物。

也许更具决定性的是他们发现了一种新的思维方式：弟子不再被迫遵从和赞同师父的观念，而是可以自由地发展这些观念，不必害怕放弃或批判其中需要改进的部分。这是一条崭新的中道，界于完全依附学派与彻底反对其观念之间。这对于哲学与科学思想的后续发展至关重要：从这一刻起，知识开始以令人目眩的速度增长，这固然得益于过往的知识，但更重要的是人们可以进行批判，从而改进知识，增进理解。赫卡泰奥斯的历史书一开头就令人印象深刻，直指批判性思维的核心，也认识到人们有多么容易犯错："我写下对我而言正确的内容，因为希腊人的描述充满矛盾与荒谬。"

据传说，赫拉克勒斯从忒那隆城（Cape Tenaro）降临冥界。赫卡泰奥斯造访忒那隆城，并确认这里实际上并没有地下通道或其他可以到达冥界的途径——据此判断这个传说是假的。这标志着新时代的来临。

这种获取知识的新方法成效显著。只用了几年时间，阿那克西曼德就明白了地球飘浮在空中，天空在地球下面延伸；雨水来自地表水的蒸发；世界上不同种类的物质应该以一种简单统一的成分来理解，他称之为"阿派朗"（apeiron），意为"无限定"；动物与植物会进化，并且适应环境的改变，而人类一定是由其他动物进化而来的。就这样，理解世界的基本语法逐步建立起来，直到今天依然大体适用。

米利都处于新兴的希腊文明与古老的美索不达米亚和埃及帝国的结合点，被后者的知识滋养，同时沉浸于希腊式的政治自由；其社会空间中不存在皇室或强大的祭司阶层，公民可以在集市自由讨论他们的命运。米利都成了第一个人们可以共同制定法律的地方；世界史上第一次正式会议在帕尼欧尼翁（Panionium）进行，这是伊奥尼亚联盟代表们的集会；与此同时，人们第一次开始怀疑是否只有神才能解释世界的奥秘。通过讨论，可以得出对团体最妥善的决策；经由讨论，理解世界成为可能。这是米利都无价的遗产，哲学、自然科学、地理学、历史学的摇篮。可以毫不夸张地说，整个科学与哲学传统，从地中海到现代，都可以在公元前6世纪米利都思想家的思辨中找到重要的根源。

辉煌灿烂的米利都不久之后不幸覆灭。公元前494年，波斯帝国入侵，反抗斗争失败，城市被无情摧毁，许多居民被奴役。在雅典，诗人普律尼科斯（Phrynichus）写出了悲剧《米利都的陷落》（*The Taking of Miletus*），深深触动了雅典人，由于它唤起了太多悲痛，这部悲剧甚至被禁止公演。但在二十年后，希腊人击退了波斯入侵者，米利都由此重生，人们又聚居于此，它重新成为商业与理念的中心，再次传播其思想与精神。

本章开头我们谈到的那个人一定是被这种精神打动，据传说，公元前450年他从米利都启程前往阿夫季拉。他的名字是留基伯，关于他的生平我们所知甚少。他写了一本叫作《宇宙大系统》(*Great Cosmology*)的书，一到阿夫季拉，他就创立了一所教授科学与哲学的学校，不久后收了一位年轻的弟子，名叫德谟克利特，此人会对后世思想产生深远影响。

这两位思想家共同构建了古典原子论的宏伟大厦。老师是留基伯，德谟克利特作为他伟大的弟子，在知识的各个领域都撰写了许多著作，人们了解这些作品后对他尊敬之至。塞涅卡(Seneca)称他为"最具洞察力的古人"。"他的伟大，不仅在于其天才，更在于其精神，谁可与他比肩？"西塞罗(Cicero)如此发问。

图1.2 阿夫季拉的德谟克利特

留基伯与德谟克利特发现了什么呢？米利都人知道可以借由理性来理解世界，他们确信各种各样的自然现象一定可以归因为某种简单的东西，并且尝试弄清楚这种东西可能是什么。他们设想了一种基本物质，万物都由它构成。米利都学派的阿那克西米尼(Anaximenes)设想这种物质可以汇聚和扩散，从而可以由构成世界的一种元素转化为另一种。这是物理学的萌芽，虽然很粗略很原始，但方向是正确的。现在还需要一个伟大的想法与更广阔的视野，来理解世界的隐秘秩序。留基伯与德谟克利特提出了这个想法。

德谟克利特体系的理念极其简单：整个宇宙由无限的空间构成，其中有无数原子在运动。空间没有界限；没有上也没有下；没有中心，也没有边界。原子除了形状以外别无特性。它们没有重量、颜色与味道。"甜是从俗约定的，苦是从俗约定的，热是从俗约定的，冷是从俗约定的，颜色也不例外，实际上只有原子和虚空。"

原子是不可分割的；它们是实在的基本微粒，无法继续被分割，万物都由它们组成。它们在空间中自由移动，相互碰撞；它们彼此勾连在一起，互相推拉。相似的原子彼此吸引。

这就是世界的构成。这就是实在。其他一切只不过是这种运动和原子结合的副产物，随机且偶然。组成世界的无穷多种物质只是源自原子的结合。

原子聚集时，在基本层次唯一能显现的就是其形状、排列与结合的顺序。正如把字母以不同的方式排列组合，我们可以得到喜剧或悲剧，荒诞剧或史诗，基本原子也可以通过排列组合使世界变化无穷。这个比喻正是德谟克利特给出的。

这永恒的原子之舞，没有终结，没有目的。我们和自然世界的其余部分一样，是这无尽之舞的众多副产物之一，都来自偶然的结合。大自然不断地对形式和结构进行试验；我们与动物一样，都是万古之中随机偶然的产物。我们的生命就是原子的组合，我们的思想由较稀疏的原子构成，梦也是原子的产物；希望与情绪由原子组合成的语言书写；使我们看到影像的可见光也由原子构成。大海由原子组成，城市和星辰也一样。这视野如此广博，且难以置信地简单，威力惊人，整个文明的知识日后都要建基于此。

以此为基础，德谟克利特撰写了许多著作，阐释了一个庞大的体系，处理了物理学、哲学、伦理学、政治学、宇宙学的问题。他论述语言的本质、宗教、人类社会的起源等内容，他的《宇宙小系统》(*Little Cosmology*)的开篇令人印象深刻："在这部作品中我探讨一切。"但这些作品全都失传了，我们只能通过其他古代作家的引用和他们对其理念的总结来了解德谟克利特的思想。他的思想展现出强烈的人道主义、理性主义和唯物主义。神话体系的残余思想被清理后，德谟克利特受到简洁明了的自然主义的启发，热切关注自然，关心人道，也对生命有很深的道德关怀——比18世纪启蒙运动中类似的观点早了大约两千年。德谟克利特的道德理想是通过节制与平衡，通过信任理性来让自己不被情绪主导，达到心灵的宁静。

柏拉图和亚里士多德很熟悉德谟克利特的观点，并且表示反对。他们秉持着其他观点，其中有些给后世知识的增长带来了很多阻碍。他们坚决排斥德谟克利特的自然主义解释，赞成从目的论的角度来理解世界，相信任何事发生都有其目的。用这种思考方式来理解自然非常具有误导性——亦即以善恶的目的论来思考，这只会把人类事务与自然界的事混为一谈。

亚里士多德满怀敬意地大篇幅讨论了德谟克利特的观点，柏拉图则从未引用德谟克利特，现在的学者认为这并不是因为柏拉图不了解他的作品，而是刻意为之。对德谟克利特观点的批评在柏拉图的文本中十分含蓄，就像他对物理学家的批评一样。在《斐多篇》里，柏拉图借苏格拉底之口阐述了对所有物理学家的批评，这对后世产生了持久的影响。他抱怨物理学家把地球解释为圆形，他反对的原因是他想不出圆形对地球有什么好处。柏拉图笔下的苏格拉底叙述了他最初对物理学充满期望，但最终是如何不再对其抱有幻想的：

> 我希望他能告诉我地球是扁的还是圆的。在这之后，还能接着解释地球为什么是扁的或是圆的，有什么必要。他要告诉我这样好在哪里，为什么地球最好是现在的形状。假如他说地球是宇宙的中心，他就得说出为什么地球在中心最好。

伟大的柏拉图彻底迷失了方向！

分割有极限吗？

20 世纪下半叶最伟大的物理学家理查德·费曼（Richard Feynman）在他物理学讲义的开头写道：

假如由于某种大灾难，所有的科学知识都丢失了，只有一句话能传给下一代，那么怎样才能用最少的词汇来表达最多的信息呢？我相信这句话会是原子的假设（或者说原子的事实，随便你怎么表述）：所有的物体都是由原子构成的——这些原子是一些小小的粒子，它们一直不停地运动着。当彼此略微离开时相互吸引，当彼此挤得过近时又相互排斥。只要稍微想一下，你就会发现，这句话包含了大量的有关世界的信息。

不需要任何现代物理学的知识，德谟克利特就得到了这一结论，即万物由不可分割的粒子构成。他是如何做到的呢？

他的论证源于观察：例如，他猜想，车轮的磨损或是衣服晾干，可以归因为木头或水的粒子在缓慢飞走。此外他也有哲学上的论据。我们会集中讨论这一点，因为这类论据可以一直沿用至量子引力。

德谟克利特发现，物质不可能是一个连续的整体，因为"物质是连续的整体"这一命题中包含矛盾。由于亚里士多德的转述，我们得以了解德谟克利特的推理。德谟克利特说，假设物质是无限可分的，那就意味着它可以被分割无数次。想象一下你把一块物质无限分割，会剩下什么呢？

会剩下有维度的微小粒子吗？不会的，因为如果是这样的话，物质就并非被无限分割了。因此，只会剩下没有维度的点。但现在让我们把这些点放在一起：把两个没有维度的点放在一起，你无法得到有维度的东西，用三个点、四个点也不行。无论你把多少个点放在一起，都没法得到维度，因为点本身没有维度。因此，我们认为物质无法由没有维度的点构成，因为无论我们把多少点放在一起，都不会得到有维度的东西。德谟克利特推断，唯一的可能性就是，任何物质都是由数量有限的不连续物质构成的，它不可再分，大小有限：即原子。

这种精妙论证模式的起源要早于德谟克利特。它来自意大利南部的奇伦托（Cilento）地区，一个现在被称为维利亚（Velia）的小镇。公元前5世纪时那里是个繁荣的希腊人聚居地，那时叫爱利亚（Elea）。巴门尼德就生活在那儿，作为一位哲学家，他不折不扣地继承了米利都的理性主义，以及诞生于那里的理念：理性可以向我们揭示事物的本来面目，而非它们显现的样子。巴门尼德探索出了一种借由纯粹理性抵达真理的方法，他宣称一切表象都是幻象，从而揭示了一种逐步趋向形而上学的思考方式，使其远离了日后被称为"自然科学"的东西。他的学生芝诺（Zeno）也来自爱利亚，他提出了精巧的论证来证实这种理性主义，强烈反驳了表象的可信性。在这些论证中有一系列悖论在日后被称为"芝诺悖论"；这些悖论试图表明一切表象都不真实，辩称惯有的运动的概念十分荒谬。

芝诺悖论中最著名的一个以寓言的形式呈现：一只乌龟向阿喀琉斯（Achilles）[1]发出挑战比赛跑步，乌龟领先十米起

---

1. 阿喀琉斯，希腊神话人物，荷马史诗中的英雄。——编者注

跑。阿喀琉斯能够追上乌龟吗？芝诺声称，严密的逻辑表明他永远无法追上乌龟。在追上乌龟以前，阿喀琉斯要先跑完这十米，要做到这点他就要花一些时间。在这段时间内，乌龟就会前进一段距离。要追上这段距离，阿喀琉斯就得再多花一些时间，但与此同时，乌龟也会继续前进，依此类推。因此阿喀琉斯需要无穷多这样的时间段才能追上乌龟，而芝诺认为，无穷多的时间段即是无穷多的时间。因此，根据严格的逻辑，阿喀琉斯要花无穷多的时间才能追上乌龟；我们永远无法见到他做到这一点。然而，我们确实可以看到阿喀琉斯追上乌龟，并且他想超过乌龟多少都能办到。所以我们看到的是不合理的，是幻象。

坦白地讲，这很难令人信服。那问题出在哪儿呢？一种可能的答案是芝诺错了，因为通过累积数目无穷多的东西能够得到无穷大的东西，这点并不正确。想象一下，取一段绳子，把它从中间截断，然后再截一半，截无穷多次。最后你会得到数目无穷多的小段绳子。然而这无穷多数目的总和却是有限的，因为它们只能拼成一开始绳子的长度。因而，数目无穷多的绳子会变成长度有限的绳子，无限多的逐渐变短的时间段会成为有限的时间。我们的英雄虽然要跑完数目无限多的距离，但花有限多的时间就可以做到，从而追上乌龟。

悖论看似解决了。解决办法就在于连续体的观念——任意小的时间段可以存在，但无穷多这样的时间段会成为有限的时间。亚里士多德是第一个凭直觉意识到这一点的人，古代与现代数学随后又对此进行了发展。[1]

但是在真实世界中，答案真是这样吗？任意短的绳子真的存在吗？我们真的可以把一段绳子分割任意多的次数吗？无穷小的时间存在吗？这正是量子引力需要面对的问题。

据传说，芝诺遇到了留基伯，并成了他的老师。留基伯十分了解芝诺的谜题，但他想出了一种不同的解决方法。留基伯提出，也许任意小的东西并不存在，分割是有下限的。

宇宙是分立的，而非连续的。如果是无穷小的点，就没法创造维度——正如德谟克利特所论证、亚里士多德所引述的那样。因此，绳子必须由有限数目的有限尺寸的物体组成。我们无法把绳子想切多少次就切多少次；物质不是连续的，它是由大小有限的原子个体组成的。

无论这种抽象的论证正确与否，其结论——就我们今天所知而言——包含了许多事实。物质确实具有原子结构。如果我把一滴水一分为二，会得到两滴水。我可以把这两滴水继续再分，如此反复。但我无法无限地分下去。分到某一点时只剩下一个分子，就到此为止了。没有比一个水分子更小

---

1. 在专业术语中，有无穷数列求和收敛。对于绳子的例子，无穷数列求和 1/2+1/4+1/8+1/16…收敛为1。在芝诺的时代还没有人理解无穷数列求和收敛。几个世纪之后，阿基米德明白了这点，用它来计算面积。对此牛顿使用得非常多，但直到19世纪，才由波尔扎诺（Bolzano）和魏尔施特拉斯（Weierstrass）把这些数学对象从概念上阐述清楚。然而，亚里士多德已经意识到可以用此回答芝诺；亚里士多德对实际无穷和潜在无穷的区分已经包含了关键的一点，即分割极限的不存在与无穷分割的可能性之间的区别。——如无特别说明，本书脚注均为作者注

的水滴了。

我们是如何知道这点的呢？我们已经积累了几个世纪的证据，其中大部分来自化学。化学物质由几种元素化合而成，并且其比例按整数分配。化学家创立了一种思考物质的方式，他们认为物质由分子组成，而某种分子由固定比例的原子组成。例如水——H_2O——由两份氢和一份氧组成。

但这些只能算是线索。在 20 世纪初，仍然有许多科学家和哲学家并不认为原子假说真实可信，其中就包括著名的物理学家、哲学家恩斯特·马赫（Ernst Mach），他关于空间的观念对爱因斯坦产生了重要影响。路德维希·玻尔兹曼（Ludwig Boltzmann）在维也纳的皇家科学院进行演讲，临近尾声时，马赫公然宣称："我不相信原子的存在！"这发生在 1897 年。很多像马赫这样的科学家仅仅把化学符号理解为总结化学反应定律的常用方法，并没有把它当作由两个氢原子和一个氧原子组成的水分子真实存在的证据。他们会说你看不见原子，会说原子永远都无法被看见，接着会问：原子会有多大呢？德谟克利特从未测量原子的大小⋯⋯

但是有人可以做到。"原子假说"的确切证据要等到 1905 年才由一个年仅二十五岁[1]的叛逆年轻人发现，他研究物理，但并没有谋得一份科学家的工作，只能在伯尔尼的

---

1 爱因斯坦生于 1879 年 3 月 14 日，应为 26 岁，疑者按周岁计算，故书中按原文保留。——编者注

专利局里当雇员谋生。在这本书后面的部分，我会讲许多关于这个年轻人的事，以及他发给当时最具权威的物理学期刊——《物理学年鉴》的三篇文章。这些文章的第一篇就包含了原子存在的决定性证据，并且计算了原子的大小，解决了留基伯与德谟克利特在二十三个世纪之前提出的问题。

这个二十五岁年轻人的名字，众所周知，叫阿尔伯特·爱因斯坦。

图 1.3 阿尔伯特·爱因斯坦

他是如何做到的呢？他的想法惊人地简单，自德谟克利特时代以来，任何人都能够办到，只要他像爱因斯坦一样聪明，并且十分精通运用数学来进行并不简单的运算。他的想法是这样的：如果我们仔细观察非常小的粒子，比如悬浮在空气或液体中的灰尘或花粉颗粒，我们会看到它们振动跳跃。由于振动，它们会随机运动，缓慢地漂移，逐渐离开初始位置。液体中这种粒子的运动被称为布朗运动，由生物学家罗伯特·布朗（Robert Brown）命名，他在 19 世纪详细地描述了这种现象。粒子这种运动方式的典型轨迹如图 1.4 所示。粒子就好像随机地在各个方向都受到扰动。实际上，并不是"好像"受到扰动，而是真的受到扰动。粒子振动就是因为受到空气分子的扰动，时左时右地与粒子发生碰撞。

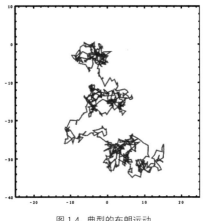

图 1.4　典型的布朗运动

　　巧妙之处在后面。空气中有大量的气体分子，有多少从左边撞击微粒，就会有多少从右边撞击它。如果气体分子无穷小并且无穷多，从左边和从右边撞击的作用就会平衡，在每个片刻相互抵消，微粒就不会移动。但分子的大小有限，数量也有限——而非无穷多，从而引起了涨落（这是关键词）：也就是说，撞击永远不会完全抵消，只是大部分抵消了。想象在某一时刻，分子数目有限，体积很大，微粒会随机受到很明显的撞击；一会儿从左边来，一会儿从右边来。在两次撞击之间它会显著地来回移动，就像是孩子们在操场上踢的足球一样。另一方面，分子越小，两次撞击之间的间隔就越短，来自不同方向的撞击就越容易平衡并且相互抵消，微粒的移动就越少。

　　用一点数学知识就可以计算这一点，从可观测的微粒的运动推算分子的尺寸。就像我之前提到的，爱因斯坦在他二十五岁时做到了这一点。通过观察液体中漂移的微粒，通过测量"漂移"有多少——从某一位置移动多少，他计算出了德谟克利特的原子的大小，即构成物质的基本微粒的大小。在两千三百年之后，德谟克利特的洞见"物质即微粒"的准确性由爱因斯坦给出了证据。

物性论

> 只有世界灭亡，卢克莱修的诗句才会消亡。
>
> ——奥维德（Ovid）

我一直认为，德谟克利特的所有作品的失传[1]，是古典文

---

1. 这里列出了德谟克利特的全部著作，作品由第欧根尼·拉尔修（Diogenes Laertius）命名：《宇宙大系统》《宇宙小系统》《宇宙结构学》《论行星》《论自然》《论人性》《论智慧》《论感官》《论灵魂》《论味道》《论颜色》《论原子的运动》《论形状的改变》《天空现象的根源》《大气现象的根源》《论火与火中之物》《声现象的根源》《论磁》《种子、植物与水果的起源》《论动物》《天空的描述》《地理学》《极点的描述》《论几何》《几何实在》《论圆与球面的切线》《论数论》《论无理的线与固体》《投影》《天文学》《天文表》《论光线》《论反射图像》《论节奏与和谐》《论诗》《论歌曲之美》《论乐音与噪声》《论荷马，或论正确的史诗用语》《医药学》《论农业》《论词语》《论名字》《论价值或论美德》《论智者》《论绘画》《论策略》《海洋航行》《论历史》《卡尔迪亚王国的思想》《弗里吉亚人的思想》《论巴比伦的神圣著作》《论梅罗伊的神圣著作》《论疾病的发热与咳嗽》《论难题》《论法律问题》《论毕达哥拉斯》《论逻辑或论思维准则》《论证据》《伦理学的要点》《论幸福》。它们全部失传了……

明土崩瓦解中最惨痛的思想悲剧。在脚注中看一看他的作品清单，再想象一下我们错失了古代如此浩渺的科学思考，很难不感到沮丧。

亚里士多德的作品全部保留了下来，西方思想据此重新建立，而非来自德谟克利特。也许，如果德谟克利特所有的作品都能够流传下来，而亚里士多德的作品全都失传了，我们文明的思想史可能会更好……

但是一神论主导的几个世纪并不会允许德谟克利特的自然主义幸存。公元 390 年，狄奥多西一世（Emperor Theodosius）颁布法令，宣布基督教成为唯一合法的宗教，并且残忍地镇压异教徒，雅典和亚历山大的古代学校被关闭，与基督教教义不一致的所有文本都被销毁。相信灵魂不朽或第一推动者存在的异教徒，如柏拉图和亚里士多德，可以被胜利的基督徒包容，而德谟克利特不能。

然而有一部作品在劫难中幸存，完整地流传了下来。通过它，我们才对古典原子论有了一点了解，重要的是，我们知晓了那种科学精神。这部作品就是古罗马诗人卢克莱修（Lucretius）的壮丽诗篇：《物性论》（*The Nature of Things*）。

卢克莱修追随了伊壁鸠鲁（Epicurus）的哲学，他是德谟克里特的学生的学生。比起科学问题，伊壁鸠鲁对伦理学更感兴趣。他没有达到德谟克利特的深度，有时会略显肤浅地解释德谟克利特的原子论，但他对自然世界的观点大体上与阿夫季拉伟大哲学家的观点一致。卢克莱修把伊壁鸠鲁和德谟克利特的原子论用诗表达出来，通过这种方式才使得意义如此深远的哲学在黑暗时代的思想浩劫中幸免于难。卢克莱修歌颂大自然的原子、海洋与天空。他把哲学问题、科学观点与精巧的论证用睿智的诗句表达出来。

> ……我也将揭示是什么力量让自然这位舵手指引着太阳的运转和月亮的旅行，以免我们以为它们乃是出于自由意志而年复一年地在轨道上绕行……或者，以免我们以为它们是按照神灵的安排而运转的。

诗歌的美蕴于原子论的宏大视野对奇迹的感知之中，感知到万物深刻的一体性，而这是由于认识到我们和星星、海洋都是由相同的物质组成：

> 我们都来自同样的种子，
> 拥有同一个父亲，
> 如母亲般哺育我们的大地，
> 接收清澈的雨滴，
> 产出明亮的麦穗，

繁茂的绿树，

还有人类，

和各种野兽，

供给食物，滋养生灵，

过着幸福的生活，

繁衍子嗣……

诗歌让人感到宁静祥和，这来自领悟到并不存在要求我们做到极难之事并惩罚我们的无常神灵。在活泼轻快的氛围中，诗歌的绝妙开篇致敬了维纳斯，这位象征大自然创造力的生动形象：

在你面前，女神啊，在你出现的时候，

狂暴的风和巨大的云块逃奔了，

为了你，巧妙多计的大地长出香花，

为了你，平静的海面微笑着，

而宁静的天宇也为你发出灿烂的光彩！

其中有对万物一体性深深的接纳：

人们度过了他们极其短促的岁月，

竟然看不见自然并不要求任何别的东西，

除了使痛苦勿近，远离肉体，

除了要精神愉悦，无忧无虑。

也包含平静地接纳不可避免的死亡，死亡会消除一切不善，因而无须恐惧。对卢克莱修而言，宗教即无知，理性才是带来光明的火把。

卢克莱修的作品在被遗忘数个世纪后，被人文主义者波焦·布拉乔利尼（Poggio Bracciolini）于 1417 年在一个德国修道院的藏书楼里发现。波焦曾经做过许多位教皇的秘书，为了仿效弗朗切斯科·彼特拉克（Francesco Petrarch）著名的再发现，波焦本人也成了古代图书的狂热搜集者。他所发现的昆体良（Quintilian）的论文完善了整个欧洲学院的法律课程；他发现的维特鲁斯（Vitruvius）的建筑学专著改进了建筑物设计与建造的方式，但他最大的功劳在于再次发现了卢克莱修。波焦所发现的古抄本已经遗失，但由他的朋友尼科洛·尼科利（Niccolo Niccoli）所做的复刻版仍然被完整地保存在佛罗伦萨的劳仑齐阿纳图书馆（Biblioteca Laurenziana）。

当波焦把卢克莱修的书带回人们的视野时，接受新事物的土壤已然形成。从但丁这一代起，人们就已经能够听到明显不同的声音：

你的眼睛穿透了我的心，
唤醒我沉睡的思想。

看啊，让我的生活四分五裂的爱，

我是如此绝望又发狂。

《物性论》的再发现对意大利和欧洲的文艺复兴产生了深远影响，并直接或间接地体现在许多作者的著作中，从伽利略到开普勒，从培根到马基雅弗利，在波焦发现《物性论》一个世纪之后，原子还在莎士比亚的剧作中闪亮登场：

茂丘西奥：哦，我看到仙后麦布与你在一起：

她是精灵们的稳婆；她的身体只有郡吏手指上一颗玛瑙那么大；几匹蚂蚁大小的细马替她拖着车子，越过酣睡的人们的鼻梁……

蒙田（Montaigne）的文章至少有一百处引用了卢克莱修，而卢克莱修的直接影响延伸至牛顿、道尔顿、斯宾诺莎、达尔文，一直到爱因斯坦。液体中微小粒子的布朗运动揭示了原子的存在，爱因斯坦的这一想法或许可以追溯到卢克莱修。这里有一段卢克莱修的话，提供了原子概念的鲜活证据：

关于我在这里所描写的这个事实，

有一种相似的情形时常出现在我们眼前：

瞧，每当太阳的光线投射进来，

斜穿过屋内黑暗的厅堂的时候，

你就会看见许多微粒以许多方式混合着。

在光线所照亮的那个空间里面，

它们像在一场永恒的战争中，不停地互相撞击，

一团一团地角斗着，没有休止，

时而遇合，时而分开，被推上推下。

从这景象你就可以猜测到：

在那更广大的虚空里面，

有怎样一种永恒不停的运动。

至少就一件小事能够暗示大道理而言，

这例子可以把你引去追寻知识的踪迹。

也正是因为这个缘故，

你应该更用心地注意这些物体。

它们在阳光下舞蹈着，互相推撞着，

而这些推撞正足以标示，

还有秘密而不可见的物质运动，

隐藏在下面，在它们背后。

因为在这里你将看见许多微粒，

在不可见的力量之下退开又撞击，

从而改变了它小小的路线，

被迫向后又再回来，

时而这里，时而那边，

弥漫在四面八方。

要知道，所有它们这些转移的运动，

都是从最初的原子开始的，

因为正是事物的原子最先自己运动，

接着，那些由原子的小型结合所构成、

并且最接近原子的物体，

也由着那些不可见的撞击而骚动起来，

之后这些东西又刺激更大些的东西：

这样，运动就由原子开始逐步上升，

最终出现在我们的感觉里，

直至那些能在阳光中见到的粒子也动起来，

虽然看不出是什么撞击在推动它们。

爱因斯坦重现了最初由德谟克利特设想、后来由卢克莱修呈现的"鲜活证据"，并且把它转述成了数学语言，从而能够计算原子的大小。

天主教会试图封杀卢克莱修：1516 年 12 月，佛罗伦萨议会禁止在学校里阅读卢克莱修。1551 年，天主教的特伦托会议查禁了他的作品，但为时已晚。被中世纪基督教原教旨主义排斥的世界观在欧洲重现，打开了人们的视野。在欧洲流传开来的不只是理性主义、无神论和卢克莱修的唯物主义，也不只是对世界之美的宁静深思，还有更多：那便是一种新的思维方式，一种思考实在的清晰而复杂的结构，与几世纪以来的中世纪思想截然不同。

但丁在中世纪热切歌颂的奇妙宇宙被人们按等级结构进行了解释，这同时也反映了欧洲社会的等级结构：以地球为中心的球形宇宙结构；天与地无法消融的区隔；对自然现象的目的论与隐喻性解释；对上帝和死亡的恐惧；对自然的忽视；形式先于事物决定世界结构；知识的来源只有过去、天启与传统……

以上这些在卢克莱修歌颂的德谟克利特的世界中都不存在。不存在对神的恐惧；世界上不存在目的论；不存在宇宙等级；天与地没有分别。其中有对自然深深的爱；我们沉浸于自然之中，认识到我们是其重要的组成部分；男性、女性、动物、植物是一个有机的整体，没有等级之分。德谟克利特优美的语言让人感受到一种深刻的普世主义："对智者而言，整个世界是开放的。一个美好灵魂的故乡是整个世界。"

人们希望能够用简单的方式思考世界，能够研究与领悟自然的奥秘，比我们的祖先知道的更多。伽利略、开普勒、牛顿将会建立惊人的概念工具：空间中的直线运动；构成世界的基本要素与相互作用；空间是世界的容器。

物质的分割是有限的，世界是分立的，无穷终结于我们指间，这一观念终于出现，它是原子假说的核心，但它在量子力学中会以更显著的方式回归，如今它作为量子引力的根本再一次证明了其重要性。

第一个把文艺复兴时期出现的自然主义思想整合到一

起，并重现了德谟克利特的思想，把它提升到现代思想核心地位的是一个英国人。他是历史上最伟大的科学家，是下一章的第一个主角。

2. 经典

The Classics

艾萨克与小月亮

在上一章中，我似乎表达了柏拉图和亚里士多德对科学的发展只起到了负面作用之意，现在我想要修正这种印象。亚里士多德对自然的研究成果——例如在植物学和动物学方面——都是杰出的科学著作，来自他对自然界细致入微的观察。清晰的概念、对自然的关注、睿智与开放的头脑使这位伟大的哲学家在之后数个世纪都堪称权威。我们所知的第一个系统的物理学就来自亚里士多德，而且它一点也不糟糕。

亚里士多德写了一本名为《物理学》(*Physics*)的书。并不是这本书以这门学科的名字命名，而是物理学这门学科的名字就来自这本书。对亚里士多德来说，物理学需要完成以下工作。首先，要区分天与地。天上的物质由水晶构成，它们在以地球为圆心的同心圆轨道上做永不停息的圆周运动。在地上，要区分受迫运动与自然运动。受迫运动由推力引起，一旦推力消失，受迫运动也会消失。自然运动发生在竖直方向上——向上或向下——取决于物质及其位置。每种物质都有其自然位置，即最终它会返回的特定高度：土元素在最底层，向上依次是水元素、气元素、火元素。捡起一块石头，然后放手，石头会向下运动，因为它要回到其自然位置。水中的气泡、空气中的火焰、小孩子的气球会向上运动，抵达其自然位置。

不要嘲笑或忽视这个理论，因为它听起来很有道理。它对液体中的物体和受到重力与阻力的物体的运动做出了正确的描述，与我们的日常经验相符。它并非人们通常认为的错误的物理学，[1]而是一种近似。牛顿物理学也只是广义相对论的一种近似。也许我们如今所了解的一切都只是我们目前尚未了解的某种东西的近似。亚里士多德的物理学很粗略，不是定量的（我们没法用它进行计算），但其逻辑一致，合乎道理，可以做出正确的定性预测。之后几百年里它一直是理解运动的最佳模型，这不是没有原因的。

也许对科学未来的发展更加重要的是柏拉图。

是他意识到毕达哥拉斯和毕达哥拉斯主义的价值：向前发展与超越米利都的关键，在于数学。

毕达哥拉斯出生在萨摩斯，这是离米利都不远的一个小岛。最早为他作传的传记作者杨布里科斯（Iamblichus）与波

---

1. 亚里士多德物理学的不良声誉可以追溯到伽利略的辩论。伽利略要让科学向前发展，因而需要进行批判。他带着轻蔑与讽刺抨击亚里士多德，却很认真地看待亚里士多德的物理学。

菲利（Porphyry），记述了年轻的毕达哥拉斯是如何成为年长的阿那克西曼德的弟子的。一切都源于米利都。毕达哥拉斯四处旅行，也许到过埃及和巴比伦，最终在意大利南部的克罗托内（Crotone）定居，成立了一个集宗教、政治、科学于一体的学派，对当地的政治生活产生了重要影响，并且给全世界留下了重要遗产：他发现了数学的理论统一性。他宣称，"数"决定形式与理念。

柏拉图去除了毕达哥拉斯主义中烦冗无用的神秘主义包袱，吸收提炼了其中实用的启示：数学是理解与描述世界最合适的语言。这个洞见意义深远，这也正是西方科学成功的原因之一。据说，柏拉图在他学园的门上刻了这样一句话：不懂数学者不得入内。

在这个信念的驱使下，柏拉图提出了一个极其重要的问题，现代科学也在探索这个问题的过程中逐渐形成。他向研究数学的弟子询问，能否找到天上可见天体遵循的数学规律。夜空中很容易观察到金星、火星和木星，它们看似在其他星体间随机地往复运动。能否找到一个数学规律，来描述和预测它们的运动？

这项研究始于柏拉图学园的欧多克索斯（Eudoxus），在接下来的几个世纪中由诸如阿里斯塔克（Aristarchus）、喜帕恰斯（Hipparchus）等天文学家继续进行，使古代天文学达到了相当高的科学水平。我们能够知晓这门科学的成就，都多亏了一本书，那就是唯一一本留存下来的托勒密（Ptolemy）

的《至大论》(*Almagest*)。托勒密是一位天文学家，生活在公元 1 世纪罗马帝国统治下的亚历山大，由于希腊世界的瓦解以及帝国的基督教化，科学逐渐衰落，行将消亡。

托勒密的书是重要的科学作品。它呈现出了天文学严密、精确而复杂的数学系统，能够近乎完全精确地预测天上行星看似随机的运动，达到了人类视野的极限。这本书证明了毕达哥拉斯的直觉是正确的，数学使世界可以被描述，未来可以被预测。托勒密总结了希腊天文学家几个世纪以来的研究成果，运用数学公式精确地预测了行星看似无序的运动，并且以巧妙的方式将其系统地呈现出来。即使在今天，只需具备一点知识，就可以翻开托勒密的书，学习其中的技巧，来计算未来某一时刻，比如《至大论》写成两千年后的今天火星的位置。这种魔法的实现是现代科学的基础，而这都要归功于毕达哥拉斯和柏拉图。

古代科学衰落之后，整个中世纪都没有人能够懂得托勒密的书，或是在浩劫中幸存下来的其他稀有的重要科学著作，比如欧几里得(Euclid)的《几何原本》(*Elements*)。但由于丰富的商业与文化交流，印度人开始学习希腊语，这些著作也开始被研究与理解。

多亏了博学的波斯和阿拉伯科学家能够理解与保存这些知识，它们才得以从印度重返西方。但天文学在接下来的一千年里并没有什么重大进展。

大概在波焦·布拉乔利尼发现卢克莱修手稿的同一时间，

意大利人文主义的热烈氛围和对古代文本的浓厚兴趣也感染了一个年轻的波兰人。他来到意大利学习，先是在博洛尼亚（Bologna），后又到了帕多瓦（Padua）。他用拉丁语签自己的名字：尼古拉·哥白尼（Nicolaus Copernicus）。年轻的哥白尼钻研了托勒密的《至大论》，并深深爱上了这本书。他决定余生都要研究天文学，追随伟大的托勒密的足迹。

时机已经成熟，在托勒密之后的一千多年，哥白尼能够实现印度、阿拉伯、波斯几代天文学家无法完成的飞跃：不是对托勒密体系进行简单的研究、应用与小修小补，而是全面完善它——鼓起勇气彻底变革。哥白尼对托勒密的《至大论》进行了修改，天体不再围绕地球运转，太阳取而代之成为中心，地球和其他天体围绕太阳运动。

哥白尼希望通过这种方式使运算更简便，但事实上却并没有比托勒密好多少，最终结果并不理想。但他的理念是合理的。到了下一代，约翰尼斯·开普勒（Johannes Kepler）证明了哥白尼体系真的可以运转得比托勒密体系更出色。通过仔细分析新的观察结果，开普勒证明，只需借助几个新的数学定律就可以精确描述围绕太阳运行的行星的运动，甚至可以达到前所未有的精度。那是在 1600 年，人类第一次找到了比一千多年前的亚历山大时期更出色的解答。

当开普勒在寒冷的北方计算天空中的运动时，得益于伽利略，新科学在意大利兴起。伽利略是意大利人，能言善辩，很有文化，极其聪明，充满创意。他得到了一个来自荷兰的新发明——望远镜，并做出了改变人类历史的动作：把望远镜指向天空。

和《银翼杀手》(*Blade Runner*)中的罗伊(Roy)一样，他看到了令我们难以置信的东西：土星的光环，月亮上的山脉，金星的盈亏，木星的卫星……这些现象使得哥白尼的理念更加可信。科学工具开阔了人类狭隘的视野，展现了一个当时还无法想象的更为丰富宏大的世界。

伽利略的伟大设想由哥白尼发起的宇宙革命而来，并进一步进行了逻辑推演。伽利略确信地球与其他行星别无二致，他推演说，如果天上的运动精确遵循数学定律，而地球与其他行星一样是天上的一部分，那么也必然存在精确的数学定律掌管着地球上物体的运动。

伽利略深信自然的理性，也对毕达哥拉斯和柏拉图"可以通过数学来理解自然"的观点很有信心，他决心研究地球上的物体不受约束，即物体自由下落时如何运动。他确信存在着一个相应的数学定律，并反复尝试发现它。他完成了人类历史上的第一次实验，实验科学就源于伽利略。实验很简单：他让物体自由下落，使物体做亚里士多德的自然运动，并尝试精确测量其下落速度。

实验结果意义重大：物体并不像人们以为的那样，以某一恒定速度下落。物体的速度在运动过程中逐渐增大。在这个过程中，保持不变的并非下落的速度，而是加速度，即速度增大的快慢。并且神奇的是，对所有物体来说这个加速度都是相同的。伽利略第一个对这一加速度进行了粗略的测量，发现它是个常量，其大小大约是 9.8 米每秒的平方，也就是说，物体每下落一秒，其速度就增大 9.8 米每秒。请记住这个数字。

这是人们发现的描述地球上物体的第一个数学定律：自由落体定律[1]。在此之前，人们只发现了行星运动的数学定律。至此，精确的数学不再只局限于天体。

但最伟大的成就还在后面，要由伊萨克·牛顿（Isaac Newton）来完成。牛顿深入研究了伽利略与开普勒的成果，综合二者后发现了隐藏的钻石。我们可以借助"小月亮"来理解他的推理，正如他在《自然哲学的数学原理》中表述的那样，这本书形成了现代科学的基础。

牛顿写道，想象地球像木星一样有许多卫星，除去真正的月亮以外，再想象一些月亮，特别是有个环绕地球运行的小月亮，它离地球最近，只比山顶高一点。这个小月亮会以多大的速度运动呢？开普勒定律之一描述了轨道半径与周期的关系，其中周期是指绕轨道一周所需要的时间。[2] 我们知道真正的月亮的轨道半径（喜帕恰斯在古代已测出）和它的周期（一个月），我们也知道小月亮的轨道半径（地球半径，

---

1. $X = 1/2 at^2$。

2. 周期的平方正比于轨道半径的三次方，这条定律不仅适用于环绕太阳运动的行星（开普勒），也适用于木星的卫星（惠更斯）。牛顿通过归纳法假设，它应该也适用于环绕地球运动的假想月亮。比例常量由中心天体决定：因此通过月球的轨道数据我们可以计算出小月亮的周期。

由古代的埃拉托色尼测出）。通过简单的比例关系我们就可以计算出小月亮的环绕周期，其结果是一个半小时，小月亮会每一个半小时绕地球转一圈。

现在，做圆周运动的物体并不沿直线运动：它不停改变方向，而方向的改变是由于存在加速度，小月亮的加速度的方向指向地球的中心。这个加速度很容易计算，[1]牛顿完成了这个简单的计算，其结果是……9.8 米每秒的平方！其数值与伽利略在地球上进行的自由落体实验完全相同！

是巧合吗？牛顿推理说，这绝不是巧合。如果结果是相同的——下落的加速度是 9.8 米每秒的平方——则原因必然相同。因此，使小月亮做圆周运动的力与使物体落到地面的力完全相同。

我们把使物体下落的力称为引力。牛顿领悟到，使小月亮环绕地球运动的是相同的引力，没有这个引力的话它会沿直线飞走。那么，真正的月亮环绕地球运动也一定是因为引力！环绕木星运动的卫星受到木星的吸引，环绕太阳运动的行星受到太阳的引力！没有这个引力，天体会沿直线运动。因此宇宙是一个巨大的空间，物体通过力的方式相互吸引；并且存在一种统一的力——万有引力，任何物体都会吸引其他物体。

一个伟大的设想形成了。一千年以后，突然间，天与地

---

1. $a=v^2/r$，其中 v 是速度，r 是轨道半径。

不再分离。不存在亚里士多德假定的"自然等级";世界的中心并不存在;物体在不受约束时不再返回其自然位置,而是永远沿直线运动。

通过对小月亮进行简单计算,牛顿推导出了万有引力的大小随距离的变化关系,[1] 其比值我们今天称为牛顿引力常数,用字母 G 表示,代表"引力"(Gravity)。在地球上,这个力使物体下落;在天上,它使行星和卫星在轨道上运动,这二者是同一种力。

在中世纪,亚里士多德世界观占主导地位,牛顿的发现对其概念结构是一种颠覆。但丁所认为的宇宙与亚里士多德的一样,地球是在宇宙中心的球体,被其他天球环绕。宇宙是嵌满星星的广阔无垠的空间,没有边界也没有中心。物体在其中自由地做直线运动,直到其他物体产生的力使它发生偏离。很显然,牛顿参考了古代原子论,他用常见术语进行了表述:

> 在我看来,也许上帝最初是用实心、坚实、坚硬、无法穿透、可移动的粒子来构造物质的,它们具有特定的大小与形状,及其他特定属性,与空间成一定的比例……

牛顿力学的世界十分简单,可以总结为图 2.1 和图 2.2。

---

1. $F = G\dfrac{M_1 M_2}{r^2}$。

它是重获新生的德谟克利特的世界。这个世界有着广阔均匀的空间，粒子在其中永不停息地运动，彼此之间相互作用，除此之外别无他物。诗人莱奥帕尔迪（Leopardi）如此歌颂这个世界：

> 我坐在这里，向那苍茫的空间眺望，找到了超乎尘世的沉默。
>
> 那寂静如此深刻，映入了我的脑海。

图 2.1　世界由什么构成？

但现在人们的视野要比德谟克利特的宏大得多，因为人们不只是用头脑中的概念来理解世界，而是将视野与数学、毕达哥拉斯的遗产、亚历山大天文学家光荣的数学物理学传统相融合。牛顿的世界是德谟克利特世界的数学化。

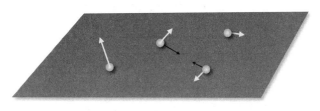

图 2.2　牛顿的世界：随着时间流逝，粒子受到力的吸引在空间中运动

牛顿毫不犹豫地把这门新科学归功于古代科学。例如，

他在著作《世界之体系》(*The System of the World*) 中的第一句话，就把哥白尼革命的理念源头归功于古代科学："在哲学的最早期，不少古人认为，恒星静止于世界的最高处，在恒星之下行星绕太阳运行。"不过他对谁在过去做了什么有些混淆，包括菲洛劳斯 (Philolaus)、萨摩斯的阿里斯塔克、阿那克西曼德、柏拉图、阿那克萨哥拉 (Anaxagoras)、德谟克利特，以及 "古罗马贤明的君主" 努马·庞皮留斯 (Numa Pompilius)。他引述的有些很贴切，有些则断章取义。

牛顿理论体系的威力超乎想象，19 世纪和现代社会的全部技术都依赖于牛顿的公式。三个世纪已经过去，但我们今天建造的桥梁、火车、摩天大厦、发动机、水利系统，我们驾驶飞机、进行天气预报、在探测到行星之前就能预测其存在、把太空飞船送到火星，这些全都有赖于以牛顿公式为基础的理论。没有牛顿的小月亮，现代世界都不会出现。

一个关于世界的新观念，一个点燃伏尔泰与康德启蒙运动热情的思维方式以及一种有效的预测未来的方式，这些都是牛顿革命的伟大遗产。

如此看来，理解实在的终极秘诀已经被人们发现：世界包含巨大的空间，随着时间流逝，粒子运动，并以力的方式相互吸引。我们可以写出描述这些力的确切公式，它们十分有效。在 19 世纪，人们认为牛顿不仅是最具智慧与最有远见的人，而且是最幸运的人——因为基本定律只有一个体系，他十分幸运地做出了这个发现。一切似乎都已明了。

但真是如此吗？

迈克尔：场与光

牛顿明白，他的方程无法描述自然界中存在的所有力，除了引力，还有其他力作用在物体上。物体并不是只有在自由下落时才运动。牛顿留下的第一个问题就是要理解其他可以影响我们的力，而这一问题要一直等到19世纪才得到解答，并且带来了两件意想不到的事。

第一件意想不到的事是，我们可见的所有现象，都由万有引力以外的另一种力支配：今天我们称之为电磁力。是这种力使物质聚集在一起，形成固体；是这种力使分子中的原子结合在一起，使原子中的电子结合，使化学物质和生命体可以运转；是这种力使我们大脑中的神经元运转，主宰我们接收外界信息的过程，以及我们的思维方式；是这种力创造了阻碍滑动物体运动的摩擦力，在跳伞运动员落地时提供缓冲；是这种力制造了电动机和内燃机[1]，使我们可以打开电灯，听收音机。

第二件事是最令人意想不到的，并且对我正在讲的故事来说至关重要。那就是，要理解这种力需要对牛顿的世界进

---

1. 内燃机释放的能量是化学能，因而最终是电磁能。

行重要的修正：现代物理学由此诞生。要理解本书的余下内容，需要关注的最重要的概念就是场的概念。

理解电磁力的工作由两位英国人完成：科学史上最奇特的两位——迈克尔·法拉第（Michael Faraday）与詹姆斯·克拉克·麦克斯韦（James Clerk Maxwell）。

迈克尔·法拉第是个贫苦的伦敦人，没受过正式教育，最初在装订厂工作，后来去了实验室。他十分擅长做实验，由此赢得了雇主的信任，并逐步成为 19 世纪最出色与最有创见的实验物理学家。虽然不懂数学，但他写出了物理学最伟大的著作之一，其中居然真的不包含方程。他用心灵之眼审视物理学，创造世界。詹姆斯·克拉克·麦克斯韦则是个富有的苏格兰贵族，也是当时最伟大的数学家之一。尽管他们两人的知识类型与社会出身不同，但他们理解彼此。他们结合了彼此的天才，开启了通往现代物理学的道路。

在 18 世纪初期，人们关于电和磁已知的只有一些小把戏：

图 2.3　迈克尔·法拉第与詹姆斯·克拉克·麦克斯韦

吸引纸屑的玻璃棒；相互排斥与吸引的磁铁。电和磁的研究在整个 18 世纪都进展缓慢，到了 19 世纪，法拉第在伦敦一个摆满线圈、针、小刀、铁笼的实验室里工作，研究电磁物体的吸引与排斥。作为牛顿学说的信奉者，他尝试理解带电物体和磁体的相互作用。但渐渐地，通过与这些东西的密切接触和双手的指引，他获得了一种直觉，而那将会成为现代物理学的基础。他"看见"了一些全新的东西。

他的直觉是这样的：我们不应该像牛顿假设的那样，认为物体之间是直接相互作用的。我们应该认为，存在某种电磁体激发的实体布满空间，并且作用在物体上（推或拉）。法拉第凭直觉知道的这种实体，今天我们称之为"场"。

那么场到底是什么呢？法拉第把它看作很多束非常细（无穷细）的线，充满空间；就像是巨大的隐形蜘蛛网，填满我们周围的一切。他把这些线称作"力线"，因为从某个角度来说，这些线"承载了力"：它们把电磁力从一个物体传递到另一个物体，就像伸缩的电线一样（图 2.4）。

带电物体（比如摩擦过的玻璃棒）会使它周围的电磁场（线）弯曲，这些场反过来会对其中的带电物体产生力的作用。两个带电物体不会直接互相吸引或排斥，而要经由它们之间的媒介。

如果你用手拿两块磁铁，反复地把它们放在一起又拉开，感受其斥力与引力，"感受"到磁铁之间的场对它们的作用，就不难理解法拉第的直觉了。

与牛顿提出的遥远物体之间的力的概念相比，这是个截

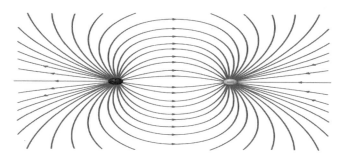

图 2.4 场线充满空间。两个带电物体通过它们相互作用，两个物体的力通过场的力线"传递"

然不同的观念，但会让牛顿也很感兴趣。牛顿对他本人所引入的超距作用也感到困惑。地球是如何吸引如此遥远的月球的呢？太阳是如何不与地球接触，就有引力的呢？他在一封信中写道：

> 无生命无意识的物质，可以在没有其他非物质因素介入的情况下，对其他物质起作用，在没有互相接触的情况下产生影响，这实在是不可思议。

在信的后面，我们也会发现：

> 引力是物质内在固有、必不可少的，因此一个物体可以穿越真空对远处的另一物体产生影响，在没有任何媒介的情况下，其作用和力可以从一个物体传到另一物体，这一点对我来说十分荒谬，我相信任何有能力进行

哲学思考的人都不会如此认为。引力一定是由某一媒介根据特定法则持续产生作用的，至于这种媒介是物质还是非物质，就留给我的读者思考了。

牛顿认为他的杰作十分荒谬，而后世却将其盛赞为科学的终极成就。他意识到在其理论背后一定存在某种别的东西，但他不知道那会是什么，于是把这个问题"留给读者思考"。

能够意识到自己发现中存在的局限是一种天才，即使是像牛顿这样伟大的发现——力学定律和万有引力。牛顿的理论极其出色，整整两个世纪都没有人会自寻烦恼去提出质疑——直到法拉第，牛顿的读者，读到了牛顿提出的悬而未决的问题，并找到了解答问题的关键，以合理的方式解释了不相邻物体间是如何吸引与排斥的。爱因斯坦之后将会把法拉第的绝妙办法应用到牛顿的引力理论中。

引入新的实体——场——使法拉第完全背离了牛顿简洁优美的本体论：世界不再只由在空间中随时间流逝而运动的粒子组成。一名新演员——场——登上了舞台。法拉第意识到了他迈出的这一步的重要性。他的书中有很多优美的篇幅都在发问，问这些力线是否真实存在。经过怀疑与思考后，他得出结论，认为它们真的存在，但是"在面对最深刻的科学问题时，要有必要的犹豫"。他意识到他想要表达的，是在牛顿物理学连续成功两个世纪后，对世界的结构进行修正。

麦克斯韦立刻意识到这个观念如金子一般可贵。他把法拉第仅用寥寥数语解释的洞见，转述成了一整页方程 。[1]这些方程现在被称为麦克斯韦方程组，它们描述了电磁场的特征，是法拉第力线的数学表达。[2]

今天，麦克斯韦方程组每天都被用来描述电磁现象，设

图2.5 法拉第和麦克斯韦的世界：随着时间流逝，粒子和场在空间中运动

计天线、收音机、电动机与电脑。但这还不够，这些方程还需要解释原子如何运动（它们被电磁力结合在一起），形成石头的物质微粒为何会黏合在一起，以及太阳如何活动。它们可以描述各种各样的现象。我们所见的几乎一切——除了引力以外——都可以用麦克斯韦方程组很好地进行描述。

此外还有更多的内容。包括也许是科学最美妙的成就：麦克斯韦方程组会告诉我们光是什么。

麦克斯韦意识到，他的方程预言法拉第的力线可以振动起伏，就像海浪一样。他计算了法拉第力线波动的传播速度，

---

1. 这些方程把麦克斯韦最初的论文的一整页纸都填满了。今天同样的公式只用半行就能写完：$dF=0$，$d*F=J$。我们很快就能明白原因。

2. 如果你把场看作空间中每个点的矢量（箭头），那么箭头的方向就表示法拉第力线的方向，即法拉第力线切线的方向。另外箭头的长度正比于法拉第力线的密度。

结果竟然……与光速相同！为什么呢？麦克斯韦领悟到：因为光只不过是法拉第力线的飞速振动！法拉第和麦克斯韦不仅解决了电与磁如何运动的问题，与此同时作为一个副产品，他们也指出了光是什么。

我们看到的世界是多彩的，那么颜色是什么呢？简单来说，它是光作为电磁波的频率（振动的速度）。如果波振动得更快，颜色就会偏向蓝色；如果振动得慢一些，就会偏向红色。我们感知的颜色是由视觉神经产生的反应信号，可以辨别不同频率的电磁波。

我很好奇，当麦克斯韦意识到他的方程本来是要描述法拉第实验室中的线圈和小磁针，结果却解释了光与颜色的本质时，他会做何感想。

光只不过是网状的法拉第力线的快速振动，就像风吹过湖面时的波纹。我们并非"无法看到"法拉第力线，我们是只能看到振动的法拉第力线。"看见"就是感知到光，光是法拉第力线的运动。如果没有东西传输它们的话，任何物体都不会从空间中的某一位置移动到另一位置。我们之所以能看到沙滩上玩耍的孩子，是因为在孩子与我们之间存在振动着的力线，把孩子的影像传递给我们。这样的世界难道不神奇吗？

这个发现十分惊人，但还有更神奇的。这个发现的最终结果对我们而言有着巨大的实用价值。麦克斯韦认识到，他的方程组预言法拉第力线也能够以更低的频率振动，即比光慢得多的频率。因此,必然存在着由带电物体运动产生的没有人能够看到的其他波动,也会使其他带电物体运动。使一个带电物体振动,必然可以激发电磁波,进而产生电流。仅仅几年过后,由麦克斯韦从理论上预测的这些波,就被德国物理学家海因里希·赫兹(Heinrich Hertz)发现;又过了几年,伽利尔摩·马可尼(Guglielmo Marconi)制造出了第一台收音机。

全部的现代通信技术——收音机、电视、电话、电脑、卫星、Wi-Fi、网络等——都是麦克斯韦预言的应用;麦克斯韦方程组是电信工程师进行一切计算的基础。以通信为基础的现代世界,源自一个贫穷的伦敦装订工的灵感——充满想象力的奇思妙想——他用心灵之眼看到了那些线条,一个出色的数学家把这一观点转述成了方程,领悟到眨眼间这些线的波动就可以把信息从地球的一端传递到另一端。

图 2.6 世界由什么构成?

我们现今的全部技术都基于电磁波这一物理实体的应用,它并非通过实验被发现,而是来自麦克斯韦的预言,并且起初仅仅是为了寻找一种数学描述来解释法拉第从线圈和小磁针那里得到的灵感。这就是理论物理学的巨大威力。

世界已经改变，它不再只是由空间中的粒子组成，而是由空间中的粒子和场组成。这看似一个微小的改变，但几十年以后，一个年轻的犹太人、世界公民，会得出远远超过法拉第已然杰出的想象力的结论，并且从核心深处撼动牛顿的世界。

革 命 的 开 端

The Beginning of the Revolution

20 世纪的物理学彻底改造了牛顿的世界图景。这些新的改变是今天众多新技术的基础。我们对世界理解的深化基于两个理论:广义相对论与量子力学。这二者都要求我们大胆地重新审视关于世界的传统观念:相对论中的时间与空间;量子理论中的物质与能量。

在本书的这一部分,我会详细讲述这两种理论,尝试阐明它们的核心意义,凸显它们带来的概念革命。20 世纪物理学的奇妙由此展开。深入研究与理解这些内容是一次迷人的冒险。

这两个理论——相对论与量子力学——为我们今天建立量子引力理论奠定了基础,也是我们继续前行的基石。

3. 阿尔伯特

Albert

阿尔伯特·爱因斯坦的父亲在意大利修建了许多发电厂。爱因斯坦还是个小男孩时，麦克斯韦方程组才出现几十年，但意大利已经进入了工业革命，他父亲制造的涡轮机与变压器就是以这些方程为基础的。新物理学的力量显而易见。

阿尔伯特是个反抗权威的人。他的父母把他留在德国读高中，但他觉得德国的教育体系太过死板，又充满军国主义。他无法忍受学校的权威，于是放弃了学业。他随父母去了意大利的帕维亚（Pavia），游手好闲了一段时间。之后他去了瑞士学习，最初却未能如愿进入苏黎世理工学院。大学毕业后他没能找到一个研究员的职位，但为了和心爱的姑娘在一起，他在伯尔尼的专利局找了份工作。

这份工作并不需要一位物理系的研究生，但它给了阿尔伯特充裕的思考与独立工作的时间，毕竟这是他自年幼起就在做的事：他会阅读欧几里得的《几何原本》、康德的《纯粹理性批判》，而非学校里教的那些东西。跟随别人的脚步无法到达新的地方。

二十五岁时，爱因斯坦给《物理学年鉴》投了三篇文章，每一篇都足以让他获得诺贝尔奖，每一篇都是帮助我们理解世界的支柱。我之前谈到过第一篇文章，年轻的阿尔伯特在这篇文章中计算了原子的大小，并且在二十三个世纪后证明了德谟克利特的观点是正确的：物质即微粒。

第二篇文章是爱因斯坦最负盛名的——他介绍了相对论——本章就会专门介绍相对论。

实际上，有两种相对论。爱因斯坦投递的信封中装的是阐述第一种相对论的论文：现在称之为"狭义相对论"。在介绍爱因斯坦最重要的理论——广义相对论之前，我要先介绍狭义相对论，因为它阐明了时间和空间的结构。

狭义相对论非常精妙，从概念上很难理解，比广义相对论理解起来还要难。读者朋友们，如果后面几页读起来感觉很深奥难懂，请不要泄气。这个理论第一次揭示了牛顿的世界观并不只是遗漏了什么东西，而是需要被彻底改造——以一种完全有悖于常识的方式。这是第一次真正的飞跃，修正了我们关于世界最本能的认知。

延展的现在

牛顿与麦克斯韦的理论看起来以一种微妙的方式相互矛盾。麦克斯韦方程组给定了一个速度：光速。但牛顿力学与存在恒定速度不相容，因为牛顿方程里包含的是加速度，而非速度。在牛顿物理学中，速度只能是一个物体相对于另一物体而言的。伽利略强调说，地球相对于太阳是在运动的，即便我们感知不到这个运动，因为我们通常所说的"速度"是物体"相对于地球"的速度。我们说速度是个相对性的概念，意思是说，谈论一个物体本身的速度是没有意义的，唯一存在的速度是一个物体相对于另一物体的速度。这就是19世纪和今天的学生学到的物理学。但若果真如此，麦克斯韦方程组里给定的光速是相对于哪个物体而言的呢？

一种可能是，存在一种统一的实体，光速是光相对于这种实体的速度。但麦克斯韦的理论预言似乎与这种实体没有任何关系。20世纪末，试图测量地球相对于这种假想实体的速度的实验都宣告失败。

爱因斯坦曾说，任何实验都没有真正对他有所帮助，只有通过思考麦克斯韦方程组与牛顿力学之间的显著矛盾，他才找到了正确的方向。他问自己，能否找到一种方式，让牛顿和伽利略的核心发现与麦克斯韦的理论相一致。

爱因斯坦由此有了一个惊人的发现。为了理解他的发现，请将所有过去、现在与未来的事件（相对于你正在阅读的这一时刻），想象为如图3.1那样排列。

爱因斯坦的发现是说，这个图表是错误的。实际上，事实应该按照图3.2那样的方式来描绘。

在一个事件的过去与未来之间（例如，你正在阅读的此时此刻与你的过去与未来之间），存在一个"中间区域"，一个"延展的现在"，一个既非过去亦非未来的区域。这就是狭义相对论的发现。

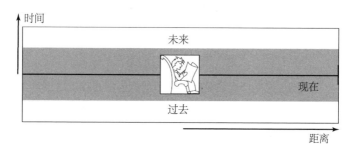

图 3.1 爱因斯坦之前的空间和时间

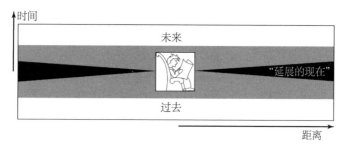

图 3.2 "时空"的结构。对每个观察者而言，"延展的现在"都是过去与未来的中间区域

这个既不在过去也不在未来的中间区域[1]时间非常短，取决于相对你而言事件发生的位置，就像图 3.2 中画的那样。事件离你的距离越远，"延展的现在"持续的时间就越长。亲

---

1. 这组事件与参考事件间有着类空间的距离。

爱的读者，在离你鼻子几米远的地方，于你而言既非过去也非未来的中间区域持续的时间只有几纳秒，约等于零（几纳秒之于一秒相当于几秒之于三十年）。这比我们能够觉察到的时间要短得多。在大海的另一端，这个中间区域的持续时间是千分之一秒，仍然远低于我们可以感知到的时间的临界值——我们通过感官能感知的最短时间大约是十分之一秒。但到了月亮上，"延展的现在"的持续时间会达到几秒钟，到了火星会有一刻钟。这表明我们可以说，在此刻的火星上，有已经发生的事件和尚未发生的事件，也有那么一刻钟的时间，这段时间的事情既不发生在过去也不发生在未来。

这些事件在他处。我们从未意识到这个他处，因为在我们周围这个他处太短暂了，我们无法察觉到它，但它真实存在。

这就是在地球和火星之间无法进行流畅通话的原因。比如我在火星而你在地球，我问了你一个问题，你一听到就立刻回话，但你的回复要在我提出问题一刻钟后才传到我这儿。这一刻钟的时间相对于你回答我的时刻而言既不在过去也不在未来。爱因斯坦领悟到的关于自然的重要事实就是，这一刻钟是无法避免的：我们无法把它消除。它被编织在时空事件的纹理中。我们无法缩短它，就如我们无法给过去寄一封信一样。

这很奇怪，但世界就是这个样子。就像悉尼的人是上下颠倒的一样奇怪；奇怪，但确实如此。人一旦习惯于事实，事实就会变得稀松平常与合乎情理。是时间与空间的结构使其如此。

这表明说火星上某一事件"正在"发生没有意义，因为"现在"并不存在（图3.3）。[1]从专业术语来讲，我们说爱因斯坦领悟到"绝对的同时性"并不存在：宇宙中并不存在"现在"发生的事件。宇宙中发生的事件不能用一系列的、一个接一个的"现在"来描述；它有着如图3.2中的更复杂的结构。这幅图描绘了物理学中的时空：一组过去与未来的事件，以及既不在过去也不在未来的事件；这些事件并不在一瞬间形成，它们本身要持续一段时间。

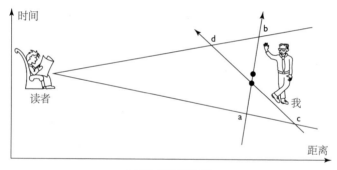

图3.3 同时的相对性

---

1. 敏锐的读者会反对说，我可以认为一刻钟的中间时刻和你的回复是同时的。学过物理学的读者会发现这就是定义同时性时"爱因斯坦的约定"。对同时性的定义取决于我如何运动，因此我们不在两个事件之间定义同时性，而只是相对于特定物体的运动状态来定义同时性。在图3.3中，我从 a、b 的中间点走出观察者的过去与进入他的未来。另一点是 c 和 d 的中间点，如果我沿着一条不同的轨迹运动，就会从这一点走出观察者的过去与进入其未来。根据"同时性"的定义，对读者来说两个点都是同时的，但它们在时间上依次出现。两个点对读者而言是同时的，但就我的两种不同运动来说却是相对的。"相对"这一术语由此而来。

在仙女座，这个"延展的现在"的持续时间（相对于我们）是两百万年。这两百万年间发生的任何事情于我们来说既不在过去也不在未来。如果某个先进而且友善的仙女座文明决定派一个宇宙飞船舰队来拜访我们，去问舰队"现在"出发了与否并没有意义。唯一有意义的问题是我们何时接收到来自舰队的第一个信号：从那一刻起——而非提前——因为舰队出发于我们的过去。

年轻的爱因斯坦在 1905 年发现的时空结构带来了实际的成果。如图 3.2 所示的时间与空间联系紧密这一事实，意味着对牛顿力学的巧妙重建由爱因斯坦在 1905 年和 1906 年迅速完成。这个重建的第一个成果就是，正如空间与时间融合成了统一的时空概念，电场与磁场也以同样的方式融合，合并为一种单一的实体，我们今天称之为电磁场。用这种新的语言来表述的话，麦克斯韦描述这两种场的复杂方程组就变得十分简单了。

这个理论还有另一个含义，会产生重大的影响。在新的力学中，"能量"与"质量"合二为一，如同时间与空间合二为一，电场与磁场合二为一。在 1905 年以前，有两个看似确定无疑的普遍定律：质量守恒定律与能量守恒定律。第一个定律已经被化学家广泛证实了：质量在化学反应中不发生改变。第二个——能量守恒定律——直接由牛顿方程推导出来，被认为是最没有争议的定律之一。但爱因斯坦意识到能量与质量是同一实体的两面，就如电场和磁场是同一种场的两个面向，空间和时间是同一事物即时空的两个面向。这表明，质量本身并不守恒；能量——按照当时理解的那样——也不守恒。一种可以转化为另一种，只存在一个守恒定律，而非两个。守恒的是质量与能量的总和，而非其中任意一个。一定存在某个过程，可以把能量转化为质量，或把质量转化为能量。

爱因斯坦快速计算出了通过转化一克物质可以得到多少能量，结果就是著名的公式 $E = mc^2$。由于光速 c 是个非常大的数，c^2 是个更大的数，因此转化一克物质得到的能量十分巨大，有数百万颗炸弹同时爆炸那么大的能量——足以照亮一座城市或给一个国家的工厂供电数月，或是反过来，可以用一秒钟摧毁像广岛这样的城市中的几十万人。

年轻的爱因斯坦的理论推导把人类带入了新纪元：核纪元，一个充满新的可能与新的危险的纪元。今天，多亏了这个不墨守成规的叛逆年轻人的智慧，我们才有了给未来一百亿地球家庭带来光明的工具，能够进行太空旅行、去往其他星球，抑或是相互伤害，破坏地球。这取决于我们的选择，取决于我们相信什么样的领袖。

如今，爱因斯坦提出的时空结构已经被充分理解，在实验室中经过了反复检验，确认成立。对时间和空间的理解与自牛顿时代以来的方式不再相同。空间并不独立于时间存在。在图 3.2 的扩展空间中，并不存在一个可以被称为"现在的空间"的特殊部分。我们对现在的直观理解——所有事件"现在"都在宇宙中发生——是我们由于无知而做出的判断，因为我们无法感知到短暂的时间间隔。从我们狭隘的经验来看，这是个不合逻辑的推断。

就如同地球是平的是个幻觉一样，我们把地球想象为平的，是由于感官的局限，因为我们目光短浅。如果我们像小王子那样生活在一个直径几千米的小行星上，就会很容易发现我们住在一个球面上。如果我们的大脑和感官可以更加精密，如果我们可以轻易地感知一纳秒的时间，就不会产生普适的"现在"的概念，我们会很容易意识到在过去与未来之间存在着中间区域。我们会意识到说"此时此地"是有意义的，但是把"此时"当作全宇宙共同的"此时"是没有意义的。正如问我们的星系是在仙女座的"上面还是下面"是一个没有意义的问题一样，因为"上"与"下"只在地球表面有意义，而在宇宙里则失去意义。宇宙中不存在"上"或"下"。同样，宇宙中的两个事件也不存在"之前"或"之后"。图 3.2 与 3.3 描绘的时间与空间交织在一起的结构，就是物理学家口中的"时空"（图 3.4）。

《物理学年鉴》发表了爱因斯坦的文章，所有问题一下全都明了了，这给物理世界带来的冲击是巨大的。麦克斯韦方程组与牛顿物理学的明显冲突广为人知，但没人知道该怎样解决。爱因斯坦的方法极其简洁，震惊了所有人。有个故事说，克拉科夫大学昏暗的教学楼里，一位严肃的教授从研究室走出来，挥舞着爱因斯坦的文章，高喊着："新的阿基米德诞生了！"

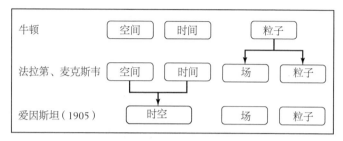

图 3.4 世界由什么构成?

尽管爱因斯坦在 1905 年迈出的步伐已经引起了惊叹,我们却还没有谈到他真正的杰作。爱因斯坦最大的成就是第二种相对论,十年以后在他三十五岁时发表的广义相对论。

广义相对论是物理学家创造的最美的理论,也是量子引力的第一大支柱,是本书的核心。20 世纪物理学的真正神奇之处由此展开。

最美的理论

发表狭义相对论后,爱因斯坦成了知名的物理学家,收到了许多大学的邀请函。但有件事一直困扰着他:狭义相对论与引力理论并不相容。他在给自己的理论撰写评论时意识到了这一点,并且想弄清楚物理学之父牛顿伟大的万有引力理论是否也应该重新考虑,使其与相对论相容。

这个问题的起源很容易理解。牛顿已经解释了物体下落与行星公转的原因，他设想了一种所有物体间互相吸引的力："引力"。但这种力是如何在中间没有任何媒介的情况下吸引遥远物体的，这点他一直无法理解。正如我们已经看到的，牛顿本人也怀疑，在不接触物体间的力的概念中，有某些东西被遗漏了；地球要想吸引月球，二者之间应该存在某种能够传递这种力的东西。两百年之后，法拉第找到了答案——不是引力，而是电磁力的答案：场。电磁场可以传递电磁力。

到了这一步，逻辑清晰的人都会明白，引力肯定也有它的法拉第力线。类比来看，太阳与地球间的引力，或是地球与下落物体间的引力，很明显也是源于一种场——在这里是引力场。对于是什么传递了力这一问题，法拉第和麦克斯韦发现的解答一定不仅适用于电场力，也适用于引力。肯定存在引力场和与麦克斯韦方程组类似的方程，能够描述法拉第的引力线的运动。在 20 世纪的头几年，这一点对任何足够智慧的人来说都很明显；也就是说，只对阿尔伯特·爱因斯坦来说很明显。

在爱因斯坦父亲的发电厂中，电磁场可以推动转子，爱因斯坦自青年时期就对此着迷，并着手研究引力场，寻找可以对其进行描述的数学。他深入思考这一问题，花了十年时间才解决它。这十年间他狂热地研究、尝试、试错、困惑，有睿智的设想也有错误的想法，发表了一系列写有不正确方程的文章，还有更多的错误与压力。最终在 1915 年，他完成了包含完整解答的文章，把它命名为"广义相对论"——

他的杰作诞生了。苏联最杰出的理论物理学家列夫·朗道（Lev Landau）把它称为"最美的理论"。

这个理论美的原因不难理解。爱因斯坦不仅创造了引力场的数学形式，写出了描述它的方程，还探索了牛顿理论中另一个最深层次的未解之谜，并且把两者结合起来。

牛顿回到了德谟克利特的观点，即物体在空间中运动。这空间必须是个巨大空心的容器，是一个能装下宇宙的牢固的盒子；其中有一个巨大的脚手架，物体在上面做直线运动，直到有外力迫使它改变方向。但这个容纳世界的"空间"是由什么构成的呢？空间是什么呢？

对我们而言，空间的概念似乎很自然，但这是由于我们十分熟悉牛顿物理学。如果认真思考的话，空空如也的空间并非我们的直观体验。从亚里士多德到笛卡儿，整整两千年来，德谟克利特关于空间是一个与物体不同的特殊实体的观念，从未被视为理所当然。对亚里士多德和笛卡儿来说，物体具有延展性，这是物体的一种属性；如果没有物体被延展，延展性也就不存在。我可以把杯中的水倒掉，接下来空气就会填满杯子。你见过一个真正空空如也的杯子吗？

亚里士多德解释说，如果两个物体间没有东西，那么就什么都没有。怎么可能同时存在某种东西（空间）又什么都没有呢？粒子运动于其中的空间究竟是什么？它是某种东西，还是什么也不是？如果它什么也不是，那么它就不存在，没有它也可以。如果它是某种东西，它唯一的性质就是待在那儿，什么也不做，果真如此吗？

自古以来，在存在与不存在之间摇摆的空白空间的概念，一直困扰着思想家。德谟克利特本人把空白空间作为其原子世界的基石，但并没有把这个问题解释清楚。他说空白空间是某种"介于存在与不存在之间"的东西："德谟克利特假定了满与空，把一个称为存在，另一个称为不存在。"辛普里丘（Simplicius）如此评论说。原子存在，空间不存在——然而是个存在的不存在。没有比这更难理解的了。

牛顿复兴了德谟克利特关于空间的观念，他宣称空间是上帝的感官，尝试以此来解决空间问题。没人能够理解牛顿的"上帝的感官"是什么含义，也许牛顿自己也不明白。爱因斯坦当然也不相信上帝的存在（无论上帝有没有感官），除非是当成开玩笑的假说，他认为牛顿关于空间本质的解释完全不可信。

牛顿尽力克服科学家和哲学家的阻力，来复兴德谟克利特的空间概念。一开始没人把这当回事，只有当他的方程显示威力，总能预测正确的结果后，批评声才逐渐式微。但人们对牛顿空间概念合理性的质疑一直没有停止，通读哲学著作的爱因斯坦自然也熟知这一点。爱因斯坦颇为欣赏的哲学家恩斯特·马赫就强调了牛顿的空间观念在概念上的困难——而马赫本人却不相信原子的存在（这是个很生动的例子，说明一个人可以在某一方面目光短浅，在另一方面却很有远见）。

爱因斯坦提出了不止一个而是两个难题。第一个是，我们如何描述引力场？第二个是，牛顿的空间到底是什么？

爱因斯坦的非凡天才就体现于此，这也是人类思想史上最闪亮的时刻之一：如果引力场实际上就是牛顿神秘的空间呢？如果牛顿的空间只不过是引力场呢？这个极其简单、优美、智慧的想法就是广义相对论。

世界并不是由空间、粒子、电磁场、引力场组成，而只是由粒子与场组成，除此之外别无其他，没有必要把空间作为附加要素加进来。牛顿的空间就是引力场，或者反过来说也一样：引力场就是空间（图 3.5 ）。

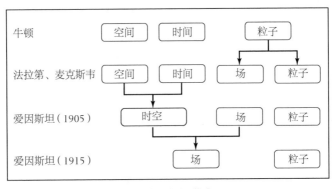

图 3.5 世界由什么构成？

但是，与牛顿平直、静止的空间不同，由于引力场是一种场，它会运动与起伏，并遵循一定的方程——和麦克斯韦的场与法拉第的力线一样。

这是对世界的极大简化。空间不再与物质有所分别，它也是世界的一种物质组成部分，与电磁场类似。它是一种会波动起伏、弯折扭曲的真实实体。

我们并非被容纳在一个无形固定的脚手架里，我们是在一个巨大的、活动的软体动物内部（爱因斯坦的比喻）。太阳使其周围的空间弯曲，地球并不是由于神秘超距作用的吸引才围绕太阳运动，而是在倾斜的空间中沿直线运动。就像在漏斗中转动的珠子：不存在什么由漏斗中心产生的神秘的力，是漏斗壁弯曲的特点使珠子旋转。行星环绕太阳运动、物体下落，都是因为它们周围的空间是弯曲的（图3.6）。

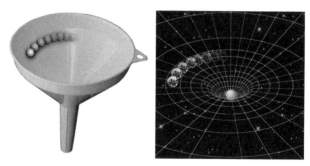

图3.6　地球环绕太阳运动，因为太阳周围的时空是弯曲的，就像一颗珠子在弯曲的漏斗壁上旋转

更准确地说，弯曲的不是空间，而是时空——爱因斯坦在十年之前证明的时空，它不是一连串的瞬间，而是一个有结构的整体。

理念就此成形，爱因斯坦剩下的问题就是要找到方程，让这个理念变得坚实。如何描述这种时空的弯曲？爱因斯坦非常幸运：这个难题已经被数学家解决了。

19 世纪最伟大的数学家——数学王子卡尔·弗里德里希·高斯（Carl Friedrich Gauss）已经完成了描述曲面的数学，例如山体的表面，或像图 3.7 中画的那样。

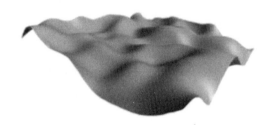

图 3.7 弯曲的（二维）表面

后来他让一位才华横溢的学生把这一数学推广到三维或更高维的弯曲空间，这位名叫波恩哈德·黎曼（Bernhard Riemann）的学生，写了一篇看似毫无用处又冗长的博士论文。

黎曼的成果是任何维度的弯曲空间（或时空）的属性都可以用一个特定的数学对象来描述，我们称之为黎曼曲率，用字母 R 表示。以平原、小山与山脉为例，平原表面的曲率 R 等于零，是平的——也就是"没有曲率"——曲率不等于零的地方则是山谷和小山；在山峰的顶点，曲率有最大值，也就是最不平坦或最弯曲。运用黎曼的理论，可以描述三维或四维弯曲空间的形状。

爱因斯坦付出了巨大努力，并且向比自己数学更好的朋友寻求帮助，终于学会了黎曼数学——他写出了一个方程，其中 R 正比于物质的能量。也就是说，有物质的地方空间弯曲得更多。这就是答案，这个方程可与麦克斯韦方程组类比，但适用于引力而非电场力。这个方程只有半行，就这么简单。一个洞见——空间会弯曲——变成了一个方程。

但是这个方程引出了一个丰富的宇宙。这个神奇的理论延伸出了一系列梦幻般的预测，听起来就像疯子的呓语，但最后竟然全都被证实了。甚至到了 20 世纪 80 年代初，都几乎没有人认真对待这些空想的预言，而最终这些预言都一个接一个地被实验证实。让我们来看看其中的几个。

一开始，爱因斯坦重新计算了像太阳这样的物体对其周围空间的弯曲效应，以及这个弯曲对行星运动的影响。他发现行星的运动与开普勒和牛顿的方程的预测大致相同，但不完全一致；在太阳附近，空间弯曲的影响比牛顿的力的影响要强。爱因斯坦计算了水星的运动，由于它是离太阳最近的行星，所以他和牛顿的理论对其预测的差异也最大。他发现了一个差别：水星轨道的近日点每年比牛顿理论预测的要多运动 0.43 弧秒。这是个非常小的差别，但尚在天文学家能够观测的范围内。通过天文学家的观测结果来比较这两种预测，结论十分明确：水星的运动遵循爱因斯坦预测的轨迹，而非牛顿的预测。水星这个众神的信使，飞鞋之神，追随爱因斯坦，而非牛顿。

爱因斯坦的方程描述了星体附近的空间如何弯曲，由于这种弯曲，光线会偏折。爱因斯坦预言说太阳会使其周围的光线弯曲。实验测量在 1919 年完成，光线的偏折被测出，结果与预言完全一致。

但不只空间会弯曲，时间也会。爱因斯坦预言，在地球上海拔高的地方，时间流逝得更快，在海拔低的地方要慢些。经过测量后发现也确实如此。现在许多实验室中都有极其精确的钟表，即使高度上只有几厘米的差异，也可以测出这种奇特的效应。把一块表放在地板上，另一块放在桌子上，地板上的表显示走过的时间要比桌上的表少。为什么呢？因为时间不是统一与静止的，它会根据离物质的远近而延伸或收缩。地球像其他物质一样，会使时空弯曲，减慢其附近的时间，虽然只有一点点，但分别住在海边和山上的双胞胎会发现，当他们再次见面时，其中一个会比另一个更老（图 3.8）。

这一效应还为物体为何下落提供了有趣的解释。如果你观察一幅世界地图和飞机从罗马飞到纽约的航线，会发现航线看起来不是直的，而是一个朝北的弧线。为什么呢？因为地球是弯曲的，向北飞比保持同一纬线飞距离更短。越往北，经线之间的距离越短，所以最好往北飞，以缩短航线（图 3.9）。

好吧，信不信由你，向上抛出的球会下落也是由于同样的原因：它运动得更高时"增加时间"，因为在那儿时间以不同的速度流逝。在两种情况中，飞机和球在弯曲空间（或

图 3.8 一对双胞胎，一个在海边生活，另一个在山上生活。当他们再次相见时，住在山里的要更老。这就是引力的时间膨胀

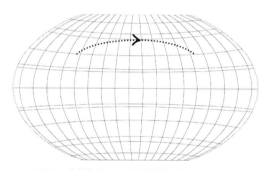

图 3.9 你越往北走，两条经线之间的距离就越小

时空）中的轨迹都是直线（图 3.10）。[1]

理论的预言远不止这些微小的效应。星体只要有足够的氢作为燃料就会燃烧，然后渐渐停息。当热产生的压力无法

---

1. 飞机和球在弯曲空间中会走最短路线。在球的例子中，其几何量近似由度量 $ds^2 = (1-2\Phi(x))dt^2 - dx^2$ 给出，其中 $\Phi(x)$ 是牛顿势。引力场效应被还原为时间随海拔发生的膨胀。（熟悉该理论的读者会注意到一个有趣的反演：物理轨迹会把固有时间最大化。）

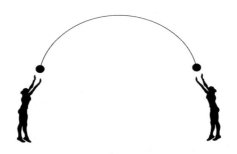

图 3.10 一个物体越高，时间对它而言流逝得越快

支撑剩余的物质时，它就会因自身的重量而坍缩。当一个足够大的星体发生这种现象时，由于重量太大，物质会被压扁到极致，空间极度弯曲成一个洞，黑洞由此诞生。

在我读大学时，黑洞被人们视为这一神秘理论令人难以置信的预言。如今已经有上百个黑洞被观测到，被天文学家深入地研究。其中有一个黑洞，其质量是太阳的一百万倍，就在我们星系的中心——我们可以观测到星体环绕它运动，有些由于离它太近，被其可怕的引力摧毁了。

除此之外，理论还预言空间会像海面一样起伏，这些起伏就和电视机的电磁波相似。这些"引力波"的效应可以在天空中的双星那里观测到：它们会发射引力波，失去能量，逐渐向彼此靠拢。[1] 由两个黑洞产生的引力波在 2015 年下半年被地

1. 对双星系统 PSR B1913+16 的观测表明，环绕彼此运转的双星会发射引力波。这些观测结果让拉塞尔·赫尔斯（Russell Hulse）和约瑟夫·泰勒（Joseph Taylor）获得了 1993 年的诺贝尔奖。

球上的天线直接观测到，2016 年上半年发布的公告则让世界再次陷入沉默。爱因斯坦理论看似疯狂的预言再次被证实了。

另外，理论还预言，宇宙正在膨胀，以及宇宙诞生自一百四十亿年前的一次大爆炸——这一主题我会在后面详细讨论。

这些丰富繁杂的现象——光线的弯曲，牛顿引力的修正，时钟的变慢，黑洞，引力波，宇宙膨胀，大爆炸——都源自这样一种理解：空间并非单一静止的容器，而是有自己的动力和"物理学"，就像它包含的物质和场一样。德谟克利特如果能够亲眼看到他的空间观念有如此广阔的未来，一定会会心一笑。他确实把空间命名为"不存在"，用"存在"表示物质；对于"不存在""虚空"，他认为"有其特定的物理性质（$\phi\upsilon'\sigma\iota\nu$）与实体"。[1] 他是多么正确啊。

没有法拉第引入的场的概念，没有数学的威力，没有高斯和黎曼的几何，这种"特定的物理性质"仍然会让人无法理解。借助新的概念工具和数学的帮助，爱因斯坦写出了描述德谟克利特笔下的虚空的方程，为其"特定的物理性质"找到了一个多姿多彩又让人惊叹的世界，其中宇宙在膨胀，空间坍缩成无底洞，时间在行星附近变慢，无垠的星际空间如海面般波动起伏……

这一切就像个白痴讲的故事，充满噪声和愤怒，却空无一物。然而，这是朝向实在的一瞥。或者说，是瞥见了实在，

---

1. 普鲁塔克，《道德论集》。古希腊语 $\phi\upsilon'\sigma\iota\nu$ 一词意为"性质"，包含"某物的性质"的含义。

比我们通常平庸模糊的视野要清晰一点。实在看似和我们的梦境有着同样的材质，但比我们云雾般的梦更加真实。

这一切都来自一个基本的直觉——那就是：时空与引力场是一回事——我忍不住要把这个简单的方程写在这儿，即使我的绝大部分读者都无法看懂它，但我希望他们能够一睹其优美简洁：

$$R_{ab} - \frac{1}{2} R g_{ab} + \Lambda g_{ab} = 8\pi G \, T_{ab}$$

1915 年时这个方程甚至更简单，因为爱因斯坦在两年后（我在后面会提到）加入的术语 Λg_{ab} 还没有出现。[1] R_{ab} 取决于黎曼曲率，$\frac{1}{2} R g_{ab}$ 表示时空的曲率；T_{ab} 代表物质的能量；G 就是牛顿发现的常数：决定引力大小的常数。

就这样，一个新的视角和一个新的方程诞生了。

数学还是物理？

在继续讲物理之前，我想先暂停一下，谈一谈数学。爱因斯坦不是伟大的数学家。他本人也说过，他在数学上困难重重。1943 年，一个叫芭芭拉的九岁小女孩给他写信，讲

---

1. 这个术语被称为"宇宙学"，是因为其效应只有在非常大的尺度或者"宇宙学"距离上才会出现，常数 Λ 被称为"宇宙常数"，它的值在 20 世纪 90 年代末被测定，在 2011 年为天文学家索尔·珀尔马特（Saul Perlmutter）、布莱恩·施密特（Brian P.Schmidt）与亚当·里斯（Adam G.Riess）赢得了诺贝尔奖。

述她在数学上遇到的困难，爱因斯坦如此回复道："不必担心数学上的困难，我向你保证，我自己的问题甚至更严重。"这听起来像个笑话，但爱因斯坦并没有开玩笑。他在数学上需要帮助：他需要学生和朋友，比如马塞尔·格罗斯曼（Marcel Grossman），把数学耐心细致地解释给他听。但他作为物理学家的直觉令人惊叹。

在完成理论建构的最后一年，爱因斯坦发现他在和最伟大的数学家之一戴维·希尔伯特（David Hilbert）竞争。爱因斯坦在哥廷根发表了一次演讲，希尔伯特也参加了。希尔伯特立刻意识到爱因斯坦正要做出重大的发现，他领悟了其中的要点，尝试超越爱因斯坦，抢先一步写出爱因斯坦正在缓慢构建的新理论的方程。两位巨人向终点线的冲刺让人万分紧张，只要几天时间就能最后见分晓。爱因斯坦在柏林几乎每周都要发表一次公开演讲，每次都会提出一个不同的方程，生怕希尔伯特在他之前找到答案，而这个方程每次都不对。最终在千钧一发之际——只领先希尔伯特一点点——爱因斯坦找到了正确的方程，赢得了比赛。

希尔伯特是个绅士，即使他在同一时间写出了非常类似的方程，他也从未质疑过爱因斯坦的胜利。事实上，他留下了一句非常优美的话，精准地描述了爱因斯坦在数学上遇到的困难，也许这也是在物理和数学之间普遍存在的困难。阐述理论所必需的数学是四维几何，希尔伯特写道：

> 哥廷根[1]大街上的任何一个年轻人都比爱因斯坦更懂四维几何，然而是爱因斯坦完成了这项工作。

为何是他呢？因为爱因斯坦具备一种独特的能力，他可以想象世界是如何构造的，在头脑里"看见"它，然后方程随之而来；方程是落实他对实在的洞见的语言。对爱因斯坦而言，广义相对论并不是一堆方程，它是被艰难转述为方程的关于世界的精神图景。

这一理论背后的理念是时空会弯曲。如果时空只有两个维度，我们生活在平面上，那就很容易想象"物理空间弯曲"意味着什么。那表示我们所生活的物理空间并不像平面桌，而是像山峰和山谷的表面。但我们所在的世界不止有两个维度，而是三个。实际上当把时间加进来的时候，是四个维度。想象弯曲的四维空间会更复杂，因为在日常经验中，我们无法体验到时空可以弯曲的"更大空间"。但爱因斯坦可以毫不费力地想象出我们栖居的这个可被压扁、拉伸、扭曲的软体宇宙。多亏了这种清晰的想象力，爱因斯坦才率先完成了这个理论。

最终，希尔伯特和爱因斯坦之间的关系还是出现了一定程度的紧张。爱因斯坦发表正确方程的前几天，希尔伯特给一本期刊寄了一篇文章，表明他也十分接近同样的答案——甚至到了今天，科学史家试图评价两位科学巨人各自的贡献

---

1. 希尔伯特工作的哥廷根在当时是最重要的几何学派的所在地。

时，都会有所迟疑。但到了某一刻，他们之间的紧张反而缓和了。爱因斯坦害怕比他更资深、更有权威的希尔伯特会把构造理论的功劳更多地归功于自己，但希尔伯特从未宣称率先发现了广义相对论——在科学领域中，关于优先权的纷争时常会愈演愈烈——这二人是智慧真正完美的体现，他们使紧张的气氛烟消云散。

爱因斯坦给希尔伯特写了一封绝妙的信，总结了他们共同做法的重要意义：

> 我们之间已经有了一点不愉快，起因我不愿去分析。我一直在同它所引起的痛苦做斗争，现在完全胜利了。我又怀着往日的友好想您，希望您也能这样对我。两个真正的朋友，能在一定程度上从卑鄙的世俗中解脱出来，却不能相互欣赏，那真是太遗憾了。

宇宙

发表方程两年后，爱因斯坦决定用它来描述整个宇宙空间，来考察宇宙的最大尺度，由此他有了另一个惊人的想法。

数千年来，人类一直反躬自问，宇宙究竟是有限的还是无限的？两种假说都遇到了棘手的难题。无限的宇宙看起来并不合理：举例来说，如果宇宙是无限的，在某个地方肯定会存在一个与你一样的读者，正在读着同一本书（无限极其浩瀚，原子没有足够多的组合方式使物体全都有所差异）。实际上，肯定不止一个，而会有无穷多的与你一模一样的读者……但如果宇宙存在极限，那边界是什么呢？如果另一边空无一物，那么边界还有什么意义呢？公元前4世纪，塔兰托的毕达哥拉斯学派哲学家阿尔基塔斯（Archytas）就写道：

> 如果我发现自己身处最遥远的天空，那里有不变的星辰，那么我能否伸展手臂或伸出一根手杖，抵达天空以外呢？如果做不到的话是很荒谬的；但如果做得到，那么外面就存在，它要么是物质，要么是空间。以这种方式人可以抵达更远，直到尽头，反复问着同样的问题，是否总会有空间可以伸展手杖。

这两个荒谬的选择——无限空间的荒谬，与宇宙存在固定边界的荒谬——看起来都不合理。

但爱因斯坦找到了第三条路：宇宙可以是有限的，与此同时没有边界。这是如何办到的呢？就如地球表面，它不是无限的，但也没有边界。只要东西可以弯曲，这就会很自然地出现：地球表面就是弯曲的。在广义相对论中，三维空间当然也可以弯曲，因而我们的宇宙可以有限但无界。

在地球表面，如果我沿直线一直走，并不会永无止境地前进下去，最终我会回到出发点。宇宙的构造也是同样的方式：如果我乘坐宇宙飞船始终向同一个方向行进，我会环绕宇宙一圈，最终返回地球。像这样有限但无界的三维空间，被称作三维球面。

要理解三维球面的几何，就要先回到普通的球面：皮球或地球的表面。为了表示飞机上看到的地球表面，我们可以把平时画的大陆画成两个圆盘（图 3.11）。

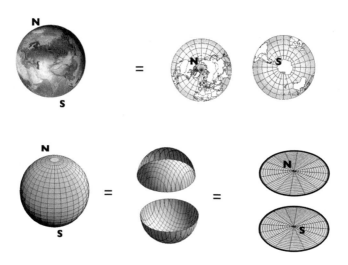

图 3.11　一个球面可以用两个圆盘来表示，这两个圆盘沿着圆盘的边平滑地连接在一起

南半球的居民在某种意义上被北半球"包围"，因为无论他想从哪个方向离开他所在的半球，最终都会到达另一个半球。反过来也是一样：每个半球都包围另一个半球，也被另一个半球包围。三维球面也可用相似的方式来表示，但要附加一个维度：两个球沿表面完全黏合在一起（图 3.12）。

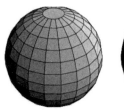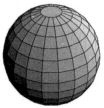

图 3.12 一个三维球面可以表示为两个球连接在一起

离开一个球面，就会进入另一个球面，正如我们离开了代表地球的一个圆盘就会进入另外一个。每个球面都包围另一个球面，也被另一个球面包围。爱因斯坦的想法是，空间可以是个三维球面：体积有限（等于两个球体的体积之和）但无界。[1] 三维球面这一解决办法是爱因斯坦在 1917 年为解决宇宙边界问题撰写的文章中提出的。这篇文章开创了研究最大尺度的整个可见宇宙的现代宇宙学。宇宙膨胀的发现、大爆炸理论、宇宙起源问题以及许多其他发现都来源于此。我会在第 8 章中讨论这些。

关于爱因斯坦的三维球面，我还观察到一件事。无论看起来多么难以置信，同样的理念早已由另一位来自完全不同的文化体系的天才构思过：意大利最伟大的诗人，但丁·阿利吉耶里（Dante Alighieri）。在他的伟大诗篇《神曲》的第三篇《天堂篇》中，但丁展现了中世纪的宏大视野，仿造亚里士多德的世界，地球在中心，被天球包围（图 3.13）。

---

1. 球面就是在 R^3 中由方程 $x^2+y^2+z^2=1$ 确定的一系列点。三维球面就是在 R^4 中由方程 $x^2+y^2+z^2+u^2=1$ 确定的一系列点。

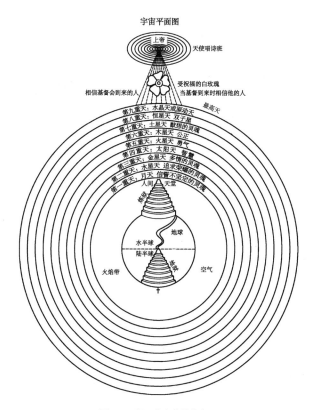

图 3.13 但丁宇宙的传统表示

　　但丁在他的爱人贝雅特丽齐（Beatrice）的陪伴下，在一次奇妙的幻觉之旅中升入了最外层的天球。他注视着下面的宇宙，旋转的天球和非常遥远的位于天球中心的地球。然后他向更高的地方望去——他看到了什么呢？他看到一个被巨大的天使圈环即另一个巨大球面包围的光点，用他的话来说就是"包围也同时被我们的宇宙包围"。这是《天堂篇》第 27

篇中的诗句："宇宙的这一部分包围着前一部分，就像前一部分包围着其他部分。"在下一篇中也写道："似乎被它所包围的东西包围。"光点和天使的圈环包围着宇宙，与此同时也被宇宙包围。这正是在描述三维球面！

意大利教科书中常见的但丁宇宙的图像（如图 3.13）通常把天使的圈环和天球分开，可是但丁写道，这两个球面"包围彼此，也被彼此包围"。但丁对三维球面有着清晰的几何直觉。[1]

第一个注意到《天堂篇》把宇宙描写为三维球面的是美国数学家马克·彼得森（Mark Peterson），那是在 1979 年，研究但丁的学者一般不了解三维球面。如今，每个物理学家和数学家都可以轻而易举地辨认出但丁所描述的宇宙中的三维球面。

但丁怎么会有如此现代化的观点呢？我认为首先是源于这位意大利最杰出诗人的绝顶智慧，这种智慧是《天堂篇》如此令人着迷的原因之一。其次也是因为但丁的写作时间比较早，是在牛顿让人们相信宇宙的无限空间是欧式几何的平直空间之前。但丁没有像我们那样由于学习牛顿物理学而带来直觉上的局限。

但丁的科学素养主要受益于他的导师的教导。他的导师

---

1. 有人反对，说但丁提到的是"圈环"而非"球面"，但反对是不成立的。布鲁内托·拉蒂尼曾写到"像蛋壳的圈环"。对但丁和他的老师兼导师而言，"圈环"一词是指任何圆形的东西，包括球面。

布鲁内托·拉蒂尼（Brunetto Latini）给我们留下了一本短小精悍的著作《宝库》，这本书类似于中世纪知识的百科全书，用古法语写成。在《宝库》中，布鲁内托详细解释了地球是圆的这一事实。但让现代读者感到好奇的是，他是用"内部"几何学而非"外部"几何来解释的。也就是说，他并没有写"地球像个橘子"，就像地球从外面看起来那样，而是这样写道："两个骑士如果以相反的方向跑得足够远的话，最终会在另一端相遇。"以及"一个人如果一直向前走，中途不被大海阻挡的话，他最终会回到出发点"。换句话说，他采取了一种内部的而非外部的视角：在地球上行走的人的视角，而非从远处看地球的人的视角。乍看起来，用这种方式解释地球是球体似乎毫无意义又复杂难懂。布鲁内托为什么不直接说地球像个橘子？请思考：假如有只蚂蚁在橘子上爬，到某个点时它会发现自己上下颠倒，必须用腿上的小吸盘吸住橘子，以免掉下去。然而地球上的旅行者从来不会发现自己上下颠倒，腿上也无须那样的吸盘。布鲁内托的描述并没有看起来那么古怪。

现在来想一下。如果有个人从老师那儿学到我们星球表面的形状是这样的：一直沿直线走，最终会回到出发点。那么进行下一步也许不会太困难，可以想象下整个宇宙的形状也是如此：一直沿直线飞，我们最终会回到出发点。三维球面就是这样的空间：两个长翅膀的骑士朝相反的方向飞走，最终会在另一端相遇。用术语来说，布鲁内托在《宝库》中提出的对地球几何的描述是从内在几何学的角度（从内部看），而非外在几何学（从外部看），而这恰恰是把球面概念从二维推广到三维最适合的描述方式。描述三维球面的最佳方式不是尝试"从外部看"，而是去描述在内部运动时会发生什么。

高斯提出的描绘曲面的方法，以及由黎曼推广的描绘三维或更高维空间曲率的方法，实际上都是布鲁内托·拉蒂尼的方式。也就是说，这个想法不是要以"从外面看"的视角来描绘弯曲的空间，说明它在外部空间如何弯曲，而是要从一个在这个空间内部运动的人的视角来描述。例如，布鲁内托观察到，在普通球体的球面上，一切沿"直线"的运动在走过相同的距离（赤道的长度）后都会回到起点。三维球面就是具有同样属性的三维空间。

爱因斯坦的时空并不是外部空间意义上的弯曲，它指的是内部几何上的弯曲，换句话说，从内部观察到的两点之间的距离，不遵循平直空间的几何学。在这个空间里，毕达哥拉斯定理并不成立，正如毕达哥拉斯定理在地球表面不成立一样。[1]

有一种方法能让我们从内部理解空间曲率，无须从外部去看，这对后面要讲的内容很重要。想象你处在北极点，一直向南走到赤道，随身携带一个指向前方的箭头。一到赤道，你就向左转，但不改变箭头的方向。箭头仍然指向南，现在

---

1. 例如在地球表面上，北极和赤道上的两个点可以组成三条边相等、三个角都是直角的三角形——在平面上很显然没法办到。

位于你的右手边。沿着赤道向东前进一些，再转向朝北——仍然不改变箭头的方向，现在指向你身后。当你又到达北极点后，就完成了一个闭合回路——术语称为"圈"——箭头不再指向你出发时的方向（图3.14）。在完成回路的过程中，通过箭头改变的角度可以测算出曲率。

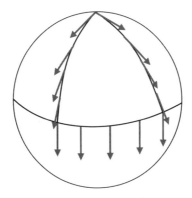

图3.14 箭头的平行线，沿环路（圈）在弯曲空间中回到出发点，但方向旋转了

后面我会在空间中绘制一个圈，再来谈这种测量曲率的方法。这就是使圈量子引力得名的"圈"。

图3.15 描绘地狱的镶嵌图，马柯瓦多画，佛罗伦萨洗礼堂

但丁在 1301 年离开佛罗伦萨，当时洗礼堂圆屋顶上的镶嵌图案快要完工。描绘地狱的镶嵌图也许在中世纪的人眼里很恐怖，可对但丁来说一直是灵感的源泉。

在动笔写这本书之前，我在埃马努埃拉·明奈（Emanuela Minnai）的陪伴下造访了洗礼堂，也正是他劝我写这本书。进入洗礼堂往上看，你会看到由九个天使环绕的闪光点（光源来自屋顶的天窗），九个天使的名字依次为：炽天使、智天使、座天使、主天使、能天使、力天使、权天使、大天使、天使。这与第二层天球的结构相对应。想象一下，你是洗礼堂地板上的一只蚂蚁，能够朝任何方向移动；不管你从哪个方向爬墙，最终都会抵达天花板上天使环绕的光点，光点与天使既"包围"也"被洗礼堂的内部装饰包围"（图 3.16）。

图 3.16 洗礼堂内部

和 13 世纪末佛罗伦萨的市民一样，但丁肯定也对这座城市正在完成的宏伟建筑心存敬畏。我相信他从洗礼堂得到的灵感不只来自马柯瓦多的地狱，也来自整个建筑和其宇宙观。《天堂篇》十分精确地复制了它的结构，包括九个天使与光点，刚好把它从二维推广到三维。在描述了亚里士多德的球形宇宙后，布鲁内托写道："在此之上是上帝的居所。"——中世纪的肖像已经把天堂想象为天使环绕着上帝。最终，但丁只是把这些早已存在的碎片搭建成了像洗礼堂那样连贯的整体建筑，解决了古老的宇宙边界问题。但丁比爱因斯坦的三维球面早了六个世纪。

我不知道爱因斯坦在意大利求学游历时是否读到过《天堂篇》，也不清楚意大利诗人生动的想象是否对他的直觉有直接影响，让他领悟到宇宙可以同时有限但无界。不管这种影响是否存在，我相信这个例子表明，伟大的科学与伟大的诗歌都充满想象力，甚至最终会有同样的洞见。我们的文化中科学与诗歌互相分离，这很愚蠢，它们都是打开我们的视野、让我们看到世界复杂与优美的工具。

但丁的三维球面只是个在梦中的直觉，爱因斯坦的三维球面有数学形式，并遵循理论方程，二者的作用不同。但丁深深地打动我们，触及我们感情的源头。爱因斯坦开辟了通向宇宙未解之谜的道路。但二者都堪称人类头脑所能达到的最美妙、最有意义的成就。

让我们回到1917年，爱因斯坦正试着把三维球面的想法放进方程里，他在这儿遇到了一个问题。他认为宇宙是静止不变的，但他的方程告诉他不可能如此。这理解起来并不难，万物相互吸引，因此对有限宇宙而言不坍缩的唯一方式就是膨胀，就如不让足球落地的唯一办法就是往上踢。要么上升，要么下落——不可能待在空中不动。

但爱因斯坦并不相信他自己的方程告诉他的东西。他甚至犯了个物理上的愚蠢错误（他没有意识到他在寻找的解答是不稳定的），只是为了避免承认其理论的预言：宇宙要么在收缩，要么在膨胀。他修改了方程，试图避免膨胀的含义，正因如此他把 Λg_{ab} 这一项加入了上面的方程里。但这是个错误：加进来的项是正确的，却无法改变这一事实——方程预言宇宙必然在膨胀。爱因斯坦缺少足够的勇气去相信他自己的方程。

几年以后，爱因斯坦不得不放弃。他的理论才是正确的，而非他的保守。天文学家认识到所有星系都在远离我们，宇宙就如方程预言的那样在膨胀。一百四十亿年前，宇宙被压缩为一个极其炙热的点，在一次巨大的"宇宙"爆炸中它由此膨胀。在这儿"宇宙"一词并不是修辞上的用法，而是真真切切的宇宙爆炸。这就是"大爆炸"。

如今我们知道膨胀真实存在。爱因斯坦方程所预见的情景的确切证据出现在 1964 年，两名美国射电天文学家阿尔诺·彭齐亚斯（Arno Penzias）和罗伯特·威尔逊（Robert Wilson）意外地发现，弥漫在宇宙中的辐射正是早期宇宙巨大热量的残留物。理论再次被证明是正确的，即使是其最不可思议的预言。

　　自从我们发现地球是圆的，像个陀螺一样疯狂旋转，我们领悟到实在并不是它看起来的那样：每次我们瞥见一个新的面向，就有一种深刻的情感体验——又一层幕布滑落。但爱因斯坦完成的飞跃是前所未有的：时空就是场；世界只由场和粒子构成；空间与时间并不是有别于自然的其他东西，它们也是场（图 3.17）。

图 3.17　爱因斯坦的世界：粒子和在其他场上运动的场

　　1953 年，一个小学生写信给爱因斯坦：我们班正在学习宇宙，我对空间很感兴趣。由于您的工作我们才可能理解宇宙，我要向您表示感谢。

　　我也有同样的感受。

4. 量子

Quanta

20 世纪物理学的两大支柱——广义相对论与量子力学——大相径庭。广义相对论是一块坚实的宝石，它由爱因斯坦一人综合过往的理论构思而成，是关于引力、空间和时间简洁而自洽的理论。量子力学，或者说量子理论，与之相反，是经过四分之一世纪漫长的酝酿，由许多科学家做出贡献、进行实验才最终形成的；量子力学在实验上取得了无可比拟的成功，带来了改变我们日常生活的应用（例如我正用于写作的电脑）；但即使它已经诞生了一个多世纪，还仍然因其晦涩难懂而不被大众理解。

本章会阐述这门奇特的物理学理论，讲述理论的形成以及它所揭示的实在的三个面向：分立性、不确定性与关联性。

又是爱因斯坦

准确地说，量子力学诞生于 1900 年，但实际上是经过了一个世纪的缜密思考才得来的。1900 年，马克斯·普朗克（Max Planck）尝试计算热平衡态的箱子中电磁波的数量。为了得到能重现实验结果的公式，他最终使用了一个看似没有多大意义的小技巧：他假设电场的能量是以"量子"分配的，也就是一小包一小包的能量。他假定每包能量的大小取决于电磁波的频率（也就是颜色），对于频率为 v 的波，每个量子或者说每个波包的能量为：

$$E = hv$$

这个公式就是量子力学的起点；h 是个新的常数，今天我们称之为普朗克常数，它决定了频率为 v 的辐射每包有多少能量。常数 h 决定了一切量子现象的尺度。

能量是一包一包的这一观点与当时人们的认知截然不同，人们认为能量会以连续的方式变化，把能量看作一份一份的毫无道理。例如，钟摆的能量决定了它摆动的幅度，钟摆只以特定的振幅振动而不以其他振幅振动，这看起来毫无理由。对马克斯·普朗克来说，把能量看作有限大小的波包只是个奇怪的技巧，碰巧对计算有用——也就是可以重现实验室的测量结果——至于原因他却完全不清楚。

五年以后是阿尔伯特·爱因斯坦——又是他——理解了普朗克的能量包实际上真的存在。这是他在 1905 年寄给《物理学年鉴》的三篇文章中第三篇的主题，这是量子理论真正的诞生之日。

在这篇文章中，爱因斯坦论证说光确实是由小的颗粒，即光的粒子组成的。他考察了一个已经被观测过的现象：光电效应。有些物质在被光照射时会产生微弱的电流，也就是说，有光照射时它们会发射出电子。例如，如今我们会在门上的光电感应器中用到这些物质，我们靠近时，传感器会检测是否有光。这并不奇怪，因为光具有能量（比如它会让我们感到温暖），它的能量使电子从原子里"跳出去"，是它推了电子一把。

但有一点很奇怪：如果光的强度很小，也就是光很微弱，那么现象不会发生；如果光的强度够大，也就是光很亮，那么现象就会出现。这听起来合情合理吧？可事实并非如此。观测结果是，只有当光的频率很高时，现象才会出现，如果频率很低就不会。也就是说，现象是否发生取决于光的颜色（频率）而非其强度（能量）。用通常的物理学无法解释这一点。

爱因斯坦使用了普朗克的能量包的概念，其中能量大小取决于频率，他还意识到如果这些能量包真实存在，就可以对现象做出解释。其中的原因不难理解。想象光以能量微粒的形式出现，如果击中电子的单一微粒具有很大能量，电子就会被推出原子。根据普朗克的假说，如果每个微粒的能量由频率决定，那么只有频率足够高时现象才会出现，也就是说，需要单个微粒的能量足够大，而不是总能量。

就像下冰雹的时候，你的车是否会被砸出凹痕不取决于冰雹的总量，而是由单个冰雹的大小决定的。也许会有很多冰雹，但如果所有冰雹都很小，也不会对车造成什么损坏。同样，即使光很强——实际上是有很多光包——可是单个光微粒太小，也就是光的频率太低的话，电子也不会从原子中激发出来。这就解释了为何是颜色而非强度决定了光电效应是否会发生。经过这样的简单推理，爱因斯坦赢得了诺贝尔奖。只要有人想通了这点，其他人再理解起来就不难了，难的是第一个想通这点的人。

今天我们把这些能量包称为"光子"，得名于光的希腊文 φωζ。光子是光的微粒，光的量子。爱因斯坦在文章中写道：

> 在我看来，如果我们假设光的能量在空间中的分布是不连续的，我们就能更好地理解有关黑体辐射，荧光，紫外线产生阴极射线，以及其他一些有关光的产生和转化的现象。根据这个假设，从点光源发射出的一束光线的能量，并不会在越来越广的空间中连续分布，而是由有限数目的"能量量子"组成，它们在空间中点状分布，作为能量发射和吸收的最小单元，能量量子不可再分。

这些简洁明了的语句标志着量子力学真正的诞生。注意开头的"在我看来"，这让人回想起法拉第或牛顿的犹豫不决，以及达尔文在《物种起源》前几页的不确定。真正的天才清楚他所迈出的这一步之重要，所以总是会犹豫……

爱因斯坦在 1905 年完成的关于布朗运动的工作（第 1 章中讨论的）和光量子的工作有着显而易见的联系。首先，爱因斯坦找到了原子假说的实例，也就是物质的分立结构。其次，他把这一假说运用到光学：光一定也存在分立结构。

起初，爱因斯坦提出的光由光子组成的观念被他的同事视为年轻人的任性。人人都称赞他的相对论，但认为光子的概念十分古怪。彼时科学家才刚被说服光是电磁场中的波，它怎么可能是由微粒构成的呢？在一封写给德国政府的信中，当时最杰出的物理学家们推荐爱因斯坦，认为他应该在柏林获得教授席位。信中写道，这个年轻人极其睿智，即使他犯了点错误，比如光子的概念，也"可以被原谅"。几年以后，还是这些同事为他颁发了诺贝尔奖，恰恰是因为他们理解了光子的存在。光照在物体表面就像是非常小的冰雹一样。

要理解光如何可以同时是电磁波和一群光子，需要建构全部量子力学。但这个理论的第一块基石已然奠定：在一切物体，包括光之中，存在着基本的分立性。

尼尔斯、维尔纳与保罗

如果普朗克是量子理论的生父的话，爱因斯坦就是给予它生命与滋养的人。但就像小孩一样，量子理论后来走上了自己的道路，爱因斯坦也不再承认这是他自己的理论。

在 20 世纪的前二十年，是丹麦人尼尔斯·玻尔（Niels Bohr）引领了理论的发展。玻尔研究了在世纪之交时人们开始探索的原子结构。实验表明，原子就像个小型太阳系：质量都集中在中心很重的原子核上，很轻的电子环绕它运动，就像行星围绕太阳转。然而这个模型却无法解释一个简单的事实，那就是：物质是有颜色的。

盐是白色的，胡椒是黑色的，辣椒是红色的，为什么呢？研究原子发射的光，很明显物质都有特定的颜色。由于颜色是光的频率，光由物质以特定的频率发射。描绘特定物质频率的集合被称为这种物质的"光谱"，光谱就是不同颜色光线的集合，其中特定物质发出的光会被分解（比如被棱镜分解）。几种元素的光谱如图 4.2 所示。

图 4.1 尼尔斯·玻尔

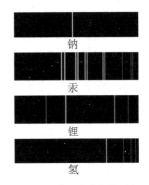

图 4.2 一些元素的光谱：钠、汞、锂、氢

在世纪之交时，很多实验室研究了许多物质的光谱并进行分类，但没人知道如何解释为何不同物质有这样或那样的

光谱。是什么决定了这些线条的颜色呢？

颜色是法拉第力线振动的速度，它由发射光的电荷的振动决定，这些电荷就是原子内运动的电子。因此，通过研究光谱，我们可以搞清楚电子如何绕原子核运动。反过来讲，通过计算环绕原子核运动的电子的频率，我们可以预言每种原子的光谱。说起来简单，但操作上没人做得到。实际上，整件事看起来都很不可思议，因为在牛顿力学中，电子能够以任何速度环绕原子核运动，因此可以发射任何频率的光。那么为何原子发射的光不包含所有的颜色，而只包括特定的几种颜色呢？为什么原子的光谱不是颜色的连续谱，而只是几条分离的线？用专业术语来说，为何是"分立的"而非连续的？几十年来，物理学家似乎都无法找到答案。

玻尔通过一个奇怪的假设找到了一种试探性的解决办法。他意识到如果假定原子内电子的能量只能是特定量子化的值——就像普朗克和爱因斯坦假设的光量子的能量是特定的值，那么一切就都可以解释了。关键之处又是分立性，但这次不是光的能量，而是原子中电子的能量。分立性在自然界中普遍存在，这一点开始清晰起来。

玻尔假设电子只能在离原子核特定的距离处存在，也就是只能在特定的轨道上，其尺度由普朗克常数 h 决定。电子可以在能量允许的情况下从一个轨道"跳跃"到另一个轨道，这就是著名的"量子跃迁"。电子在这些轨道运动的频率决定了发出的光的频率。由于电子只能处于特定的轨道，因此只能发射特定频率的光。

这些假说描述了玻尔的"原子模型",它在 2013 年迎来了百年纪念。通过这些假设(古怪但十分简洁),玻尔计算了所有原子的光谱,甚至准确预言了尚未被观测到的光谱。这一简单模型在实验上取得的成功十分令人惊讶。

这些假设中一定包含着某些真理,即使它们与当时关于物质和动力学的概念全都背道而驰。但为什么只能有特定的轨道呢?说电子"跃迁"是什么意思呢?

在玻尔的哥本哈根研究所,20 世纪最年轻卓越的头脑汇聚一堂,尝试给原子世界中这种令人难以理解的行为造成的混乱赋予秩序,并建构一个逻辑严密的理论。研究进行得十分艰难,旷日持久,直到一个年轻的德国人找到了开启量子世界奥秘之门的钥匙。

维尔纳·海森堡(Werner Heisenberg)写出量子力学的方程时年仅二十五岁,和爱因斯坦写出那三篇重要的文章时是同样的年纪。他基于一些令人困惑不解的想法写出了方程。

一天晚上,他在哥本哈根物理研究所后面的公园里突然找到了灵感。年轻的海森堡在公园里边散步边沉思。那儿的光线真的很暗,要知道我们可是在 1925 年,

图 4.3 维尔纳·海森堡

只是偶尔有盏路灯投下昏暗的灯光,光圈被大片的黑暗分隔开。突然间,海森堡看见有个人经过。实际上他并没有看到那个人走过:他看到那个人在灯光下出现,然后消失在黑暗中,接着又在另一盏灯下再次出现,然后又消失在黑暗中。就这样一直从一个光圈到另一个光圈,最终彻底消失在夜色里。海森堡想到,"很明显",这个人并没有真的消失和重现,他可以很容易地在脑海中重构这个人在两盏路灯之间的轨迹。毕竟人是个真实的物体,又大又重,这样的物体不会出现又消失……

啊!这些又大又重的真实物体不会消失又重现……但电子呢?他脑海中闪过一道光。像电子这样小的物体为何也要如此呢?如果电子可以消失又出现,会如何呢?如果这就是神秘的量子跃迁呢?它看起来很像是原子光谱结构的基础。如果在两次相互作用之间,电子真的不在任何地方呢?

如果电子只有在进行相互作用、与其他物体碰撞时才出现呢?如果在两次相互作用之间,电子并没有确定的位置呢?如果始终具有确定的位置是只有足够大的物体才需要满足的条件呢?就像黑暗里的那个路人一样,如幽灵般经过,然后消失于夜色中。

只有一个二十多岁的人才会认真对待如此荒诞的想法,你必须是二十多岁,才有可能相信这些想法会成为解释世界的理论。也许你必须这般年轻,才能比别人先一步更深刻地理解自然的深层结构。爱因斯坦领悟到时间并非对所有人来说都以相同的方式流逝,那时他才二十多岁,海森堡在哥本哈根的那个夜晚时也是如此。也许，在三十岁之后仍然相信你的直觉并不是个好主意。

海森堡极其兴奋地回到家，立刻投入计算中。过了一会儿，他得到了一个令人不安的理论：在对粒子运动进行基本描述时，并不能描述粒子在任意时刻的位置，而只能描述它在某些瞬间的位置——粒子与其他物质相互作用的那些瞬间。

这就是量子力学的第二块基石，其最难理解的要点是事物之间相关性的那一面。电子不是始终存在，而是在发生相互作用时才存在，它们在与其他东西碰撞时才突然出现。从一个轨道到另一个轨道的量子跃迁实际上是它们真实的存在方式：电子就是从一个相互作用到另一个相互作用跃迁的集合。当没有东西扰动它时，电子不存在于任何地方。海森堡写出了数字表格（矩阵），而不是电子的位置和速度。他把数字表格进行乘除运算，来代表电子可能的相互作用。就像魔术师的算盘一样，计算结果与观察到的现象精确对应。这就是量子力学的第一组基本方程，这些方程从此开始不停地计算。看起来令人难以置信，但直到现在它们还未失算过。

最终，又是一个二十五岁的年轻人接棒了海森堡开创的工作，接手了新理论，并建立了完整的形式与数学框架：这个人就是英国人保罗·狄拉克（Paul Adrien Maurice Dirac），他被认为是继爱因斯坦后 20 世纪最伟大的物理学家。

尽管达到了很高的科学成就，但与爱因斯坦相比，狄拉克还是鲜为人知。这一方面是由于他的科学极其抽象，另一方面是由于他的性格让人感到窘迫。狄拉克在人前沉默寡言，非常拘谨，不善表达情感，经常认不出熟人，甚至没法正常交谈，或是无法理解非常简单的问题——他看起来真的有些孤僻，或者说属于孤僻的类型。

有一次演讲时，一个同事对他说："我不太理解那个公式。"短暂的沉默后，狄拉克若无其事地继续演讲。主持人打断了他，询问他是否愿意回答刚才的问题。狄拉克感到很吃惊，回答说："问题？什么问题？我的同事只是做了个陈述。"他给人一种卖弄学问的感觉，但这并非傲慢：他能够发现别人不能发现的自然奥秘，却无法明白语言的隐含意思，无法理解非字面的用法，把任何话都按照字面意思来理解。然而在他手中，量子力学从杂乱无章的灵感、不完整的计算、模糊的形而上学讨论、奏效却让人费解的方程，变成了一个完美的体系：优雅简洁，并且极其优美。优美，但极其抽象。

尊敬的玻尔谈到他时这样说："在所有的物理学家中，狄拉克有着最纯净的灵魂。"图 4.4 中他的眼神不就证明了这点吗？他的物理学有如诗歌般纯洁清澈。对他来说，世界并不是由事物组成的，而是由抽象的数学结构组成，向我们揭示事物显现时的表象与活动。这是逻辑与直觉的一次神奇邂逅。爱因斯坦对此印象深刻，他评论说："狄拉克给我出了道难题。在这门令人晕头转向的学科中，要在天才与疯狂之间保持平衡，需要令人生畏的开创精神。"

图 4.4 保罗·狄拉克

现在，狄拉克的量子力学是所有工程师、化学家、分子生物学家都要使用的理论，其中每个物体都由抽象空间[1]来定义，除了那些不变量如质量外，物体自身没有其他属性。其位置、速度、角动量、电势等，只有在碰撞——与另一个物体相互作用时才具有实在性。就像海森堡意识到的那样，不只是位置无法被定义，在两次相互作用之间，物体的任何变量都无法被定义。理论相关性的一面是普遍存在的。

在与另一个物体相互作用的过程中，物体突然出现，其物理量（速度、能量、动量、角动量）不能取任意值，狄拉克提出了计算物理量可能取的值的一般方法。[2]这些值与原子发射的光谱相似。如今，我们把一个变量可以取的特定值的集合称为这个变量的"谱"，类比元素发出的光分解后的光谱——这一现象最初的表现形式。例如，电子环绕原子核运

---

1. 希尔伯特空间。

2. 这是问题中与物理量有关的算符的本征值。关键的方程是本征方程。

动的轨道半径只能取玻尔假定的特定值，形成了"半径谱"。

理论也提供了信息，告诉我们在下一次相互作用中谱可以取哪些值，但只能以概率的形式。我们无法确切知道电子会在哪里出现，但我们可以计算它出现在这里或那里的概率。这与牛顿理论相比是一个根本性的变化，在牛顿理论中，原则上我们可以准确地预测未来。量子力学把概率带入了事物演化的核心。这种不确定性是量子力学的第三块基石：人们发现概率在原子层面起作用。如果我们拥有关于初始数据的充分信息，牛顿物理学就可以对未来进行精准的预测，然而在量子力学中，即使我们能够进行计算，也只能计算出事件的概率。这种微小尺度上决定论的缺失是大自然的本质。电子不是由大自然决定向左还是向右运动的，它是随机的。宏观世界表面上的决定论只是由于微观世界的随机性基本上会相互抵消，只余微小的涨落，我们在日常生活中根本无法察觉到。

狄拉克的量子力学允许我们做两件事情。首先是计算一个物理量可以取哪些值，这被称为"计算物理量的取值范围"；它体现了事物的分立性。当一个物体（如原子、电磁场、分子、钟摆、石头、星星等）与其他物体相互作用时，能计算出的是在相互作用过程中物理量可以取的值（相关性）。狄拉克的量子力学允许我们做的第二件事是，计算一个物理量的某个值在下一次相互作用中出现的概率，这被称作"计算跃迁的振幅"。概率体现了理论的第三个特征：不确定性。理论不会给出唯一的预测，而是给出概率。

这就是狄拉克的量子力学：它是一种计算物理量取值范围的方法，也是计算某个值在一次相互作用中出现的概率的方法。就像这样，两次相互作用之间发生了什么，理论并没有提及，它根本不存在。

我们可以把在某个位置找到电子或任何其他粒子的概率想象成一块弥散的云，云越厚，发现粒子的概率就越大。有时把这种云想象成真实存在会很有用。例如，表示环绕原子核的电子的云可以告诉我们，当我们观测时电子更有可能出现在哪儿。也许你会在学校遇到它们：这就是原子里的"轨道"。[1]

理论的效果很快就被证明极其出色。如今我们能制造电

---

1. 这种云由被称为"波函数"的数学对象来描述。奥地利物理学家埃尔文·薛定谔（Erwin Schrödinger）写出了描述其时间演化的方程。量子力学经常被误认为等同于这个方程。薛定谔希望用"波"来解释量子理论的奇异之处：从海浪到电磁波，波都是我们充分理解的内容。即便是今天，仍然有一些物理学家试图通过把实在看作薛定谔的波来理解量子力学。但海森堡和狄拉克立刻意识到这是不可行的。如果把薛定谔的波看作真实的东西，就把它看得太重要了——这样不能帮助我们理解理论，反而带来了更多困惑。除了一些特殊情况之外，薛定谔的波不在物理空间中，这剥夺了它所有的直观特征。但是薛定谔的波是关于实在的糟糕图像的主要原因在于，当一个粒子与其他东西发生碰撞时，它总在一个点上，它不会像波一样在空间中散开。如果我们把电子设想为波，那么在解释每次碰撞时这个波如何瞬间集中于一点就会遇到困难。薛定谔的波不是一个对实在的有效表示，它是一种计算的辅助，允许我们以某种精确度预测电子会在何处再次出现。电子的本质不是波，波只是它在相互作用中显现自身的方式，就像年轻的海森堡沉思着徘徊在哥本哈根的夜色中时，出现在光圈下的那个人一样。

脑，拥有先进的化学与分子生物学，使用激光和半导体，这些都要归功于量子力学。有那么几十年时间，对物理学家来说好像天天都是圣诞节：每个新问题都可以通过量子力学的方程得到答案，并且答案总是正确的。这样的例子举一个就足够了。

我们周围的东西由上千种不同物质组成。在19世纪和20世纪期间，化学家们明白了所有这些不同的物质都只是少量（少于一百种）简单元素的结合：氢、氦、氧等，一直到铀。门捷列夫把这些元素按照顺序（根据重量）排列在著名的元素周期表中，这张表贴在许多教室的墙上，总结了组成世界的元素的属性——不仅包括地球上，也包括整个宇宙中的所有星系。为何是这些特定的元素呢？什么可以解释表格的周期性结构呢？为什么每种元素有特定的属性，而不是其他属性呢？为什么有些元素很容易结合在一起，而另一些元素就不那么容易呢？门捷列夫表格奇妙结构的奥秘是什么呢？

以量子力学中决定电子轨道形式的方程为例。这个方程有一定数量的解，这些解刚好对应着氢、氦、氧……以及其他元素！门捷列夫的周期表就像这些解那样进行排列，每一种元

图 4.5 光是场中的波，但也有粒子结构

素的属性都是这个方程的一个解。量子力学完美破解了元素周期表结构的奥秘。

毕达哥拉斯和柏拉图古老的梦想终于实现了：用一个公式描述世界上的所有物质。化学无穷的复杂性仅仅用一个方程的解就给出了解释，而这仅仅是量子力学的应用之一。

场与粒子是相同的东西

将量子力学表述为一般方程后不久，狄拉克意识到理论可以直接应用于场，例如电磁场，并且可以符合狭义相对论（使量子理论与广义相对论融合会困难得多，这正是本书的主要议题）。为了证明这一点，狄拉克发现对自然的描述可以进一步深度简化：将牛顿使用的粒子概念与法拉第引入的场的概念融合在一起。

在两次相互作用之间伴随着电子的概率云真的很像一个场，而法拉第和麦克斯韦的场刚好反过来，是由粒子（光子）构成的。在某种意义上，不仅是粒子像场一样弥散在空间中，场也像粒子一样进行相互作用。被法拉第和麦克斯韦分割开来的场和粒子的概念，最终在量子力学中融合在一起。

在量子力学中，这种融合发生的方式十分简洁明了：狄拉克的方程决定了一个物理量可以取的值，把它应用到法拉第力线的能量，就会得出这个能量只能取特定的值，不能取其他值。由于电磁场的能量只能取特定的值，场就像是能量包的集合。这恰好是普朗克和爱因斯坦在三十年前引入的能量量子化。圆圈闭合，故事完结。狄拉克写出的理论方程，解释了普朗克和爱因斯坦凭直觉领悟到的光的分立本性。

电磁波是法拉第力线的振动，在非常小的尺度上也是一群光子。就如光电效应，当它们与其他物质相互作用时，会表现为粒子：光一粒一粒地以光子的形式抵达我们的眼睛。光子是电磁场的量子化。

电子与其他构成世界的粒子，都是场的量子化——与法拉第和麦克斯韦的场相似的"量子场"，遵循分立性与量子的概率。狄拉克写出了电子与其他基本粒子的场的方程[1]，法拉第引入的场与粒子的明显差别消失了。

与狭义相对论相容的量子理论的一般形式被称为量子场论，它构成了今日粒子物理学的基础。粒子是场的量子化，正如光子是光的量子化。所有的场都在相互作用中表现出分立的结构。

在20世纪，基本场的清单不断被修改，如今我们拥有被称为"基本粒子的标准模型"的理论，在量子场论的语境中，它几乎可以描述除引力外[2]我们可见的一切。这个模型的

---

1. 狄拉克方程。

2. 有一个现象也许不能被简化为标准模型，那就是暗物质。天体物理学家和宇宙学家在宇宙中观察到了一些物质的效应，看起来不是标准模型所描述的物质类型。在那儿仍然有许多我们未知的东西。

发展占据了物理学家 20 世纪的大部分时间，它本身就是一次发现的奇妙之旅。在这儿我不会讲述这部分故事，我要继续说的是量子引力。标准模型完成于 20 世纪 70 年代。当时大约有十五种其量子是基本粒子（电子、夸克、介子、中子、希格斯粒子等）的场，还有几种与电磁场相似的场，可以描述电磁力和其他在原子核尺度运作的力，其量子与光子相似。

标准模型最初并没有被认真地看待，它有点像是东拼西凑出来的，与广义相对论和麦克斯韦方程或者狄拉克方程的优雅简洁截然不同。然而让人意外的是，它的所有预测都被证实了。三十多年里，粒子物理学的每一个实验都只是在反复证实标准模型。最近的一个证据是希格斯粒子的发现，在 2013 年引起了轰动。为了使理论自洽，希格斯场看起来有些人为的痕迹——直到这种场的量子即希格斯粒子真的被观测到，并且人们发现它确实具有标准模型预测的那些属性[1]（它被称为"上帝粒子"这事太愚蠢了，不值一提）。简单来说，除了它不够谦虚的名字以外，标准模型还是很成功的。

如今量子力学和量子场及其粒子提供了对自然极其有效

---

[1] 我发现宣称希格斯玻色子"解释了质量"有些夸大其词了。希格斯玻色子没有"解释"有关质量起源的任何事情。什么可以"解释"希格斯的质量呢？要点相当具有技术性：标准模型依赖于特定的对称，而这些对称看起来只适用于没有质量的粒子。但希格斯与其他人意识到，对称性和质量有可能共存，只要后者是通过与如今人们所知的希格斯场相互作用间接进入的。

的描述。世界并不是由粒子和场组成的，而只有一种实体：量子场。再也没有随着时间流逝在空间中运动的粒子了，存在的只有量子场，其基本事件发生在时空之中。世界如此奇特，却十分简单。

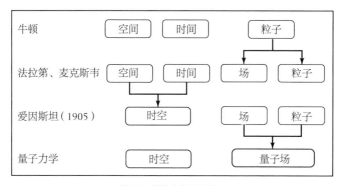

图 4.6 世界由什么构成？

量子 1：信息是有限的

现在我们可以试着得出一些结论，来看看量子力学到底告诉了我们关于世界的哪些信息。这并不是项容易的工作，因为量子力学在概念上不是十分清晰，其真正含义仍然存在争议；但我们很有必要弄清楚，并且继续前行。我认为量子力学揭示了事物本性的三个面向：分立性、不确定性与世界结构的关联性。让我们更仔细地审视这些内容。

首先是自然界中基本分立性的存在。物质与光的分立性是量子理论的核心，然而它并不是德谟克利特凭直觉领悟到的那种分立性。对德谟克利特而言，原子就像是小石子，而在量子力学中，粒子可以消失与重现。但世界本质的分立性这一观念的根源仍然可以在古典原子论里找到。数个世纪的实验、有力的数学验证、做出正确预测的出众能力使量子力学的地位得到巩固，这是对阿夫季拉的伟大哲学家对事物本性的深刻洞见的真正认可。

假设我们对一个物理系统进行测量，发现系统处在某个特定状态。例如，我们测量钟摆的振幅，发现它有个特定值——比如在 5 厘米和 6 厘米之间（物理学中没有测量是完全精确的）。在量子力学以前，我们可以说，由于在 5 厘米和 6 厘米之间有无穷多可能的取值（比如 5.1、5.101 或者 5.101001……），因此钟摆可以有无穷多的运动状态（关于钟摆的状态，我们未知的数量仍然是无穷多的）。

然而，量子力学告诉我们，在 5 厘米和 6 厘米之间，振幅存在有限多的可能取值，因此关于钟摆我们所遗漏的信息是有限的。

这点基本上是普遍适用的。[1]因此，量子力学的第一个含义就是，系统内部能够存在的信息有一个上限：系统所处的可区分状态的数量是有限的。无穷是有限的，这是理论的第一个重要方面，也就是德谟克利特窥见的自然的分立性。普

---

1. 相空间的有限区域——系统可能状态的空间——包含了无穷多可区分的经典态，但只包含了有限多的正交量子态。这个数值由区域的体积给出，除以普朗克常数，上限是自由度。这个结果是普遍的。

朗克常数 h 衡量了这一分立性的基本尺度。

量子 2：不确定性

世界是一系列分立的量子事件，这些事件是不连续的、分立的、独立的；它们是物理系统之间的相互作用。电子、一个场的量子或者光子，并不会在空间中遵循某一轨迹，而是在与其他东西碰撞时出现在特定的位置和时间。它会在何时何地出现呢？我们无法确切地知道。量子力学把不确定性引入了世界的核心。未来真的无法预测。这就是量子力学带来的第二个重要经验。

由于这种不确定性，在量子力学所描述的世界中，事物始终都在随机变化。所有变量都在持续"起伏"，因为在最小的尺度上，一切都在不停振动。我们看不到这些普遍存在的起伏，仅仅是因为它们尺度极小；在大尺度上它们没法像宏观物体一样被我们观测到。我们看一块石头，会觉得它就静止在那儿。但如果我们能够看到石头的原子，就会观察到它们在不停地四处扩散，永不停息地振动。量子力学为我们揭示出，我们观察的世界越细微，就越不稳定。世界并非由小石子构成，它是振动，是持续的起伏，是一群微观上转瞬即逝的事件。

古代的原子论也预料到了现代物理学的这一方面：在深

层次上概率法则的出现。德谟克利特假定（就像牛顿那样），原子的运动由其碰撞严格决定。但他的继承者伊壁鸠鲁修正了师父的决定论，把不确定性的概念引入了原子论——和海森堡把不确定性引入牛顿的决定论一样。对伊壁鸠鲁来说，原子可以不时地随机偏离其运动方向。卢克莱修把这点用美妙的语言表述出来：这种偏离会出现在不确定的位置、不确定的时间。在基本层面上随机性与概率的出现，是量子力学表达的第二个关于世界的重要发现。

如果一个电子的初始位置是 A，那么我们如何计算在一段特定的时间后，它会出现在位置 B 的概率呢？

20 世纪 50 年代，我之前提到过的理查德·费曼发现了一种颇具启发的方法来进行这种计算：设想从 A 到 B 的所有可能轨迹，也就是电子能够遵循的所有可能轨迹（直线、曲线、之字形），每个轨迹会决定一个数字，通过把这些数字求和就可以得到概率。这一计算的细节不太重要，重要的是从 A 到 B 的所有轨迹体现的事实，就像是电子为了从 A 运动到 B，经过了"所有可能的轨迹"，或者换种方式说，展开成一片云，然后又神秘地汇聚在了 B 点，与其他物质碰撞（图 4.7）。

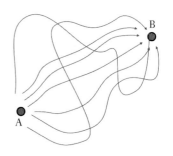

图 4.7 为了从 A 移动到 B，电子的行为好像通过了所有可能的轨迹

这种计算量子事件概

率的方法被称作费曼路径求和[1]，我们将看到它在量子引力中发挥重要的作用。

量子 3：实在是相关联的

量子力学阐述的关于世界的第三个发现是最深奥难懂的，也是没有被古代原子论预料到的。

理论并没有描述事物本来如何：它描述的是事物如何出现和事物之间如何相互作用。它没有描述哪里会有一个粒子，而是描述了粒子如何向其他粒子展现自己。存在的事物被简化为可能的相互作用的范围。实在成了相互作用，实在成了关联。

在某种意义上，这只不过是相对论的扩展，虽然算是很彻底的一种。亚里士多德第一个强调说，我们只能感知到相对的速度。比如说，在一艘船上，我们谈的就是相对于船的速度；在岸上就是相对于地面的速度。伽利略搞清了这就是地球相对于太阳运动，而我们却感受不到这一运动的原因。速度不是物体本身的属性，它是一个物体相对于另一物体运动的属性。爱因斯坦把相对性的概念拓展到了时间：只有相对于某一特定的运动，我们才能说两个事件是同时的（可参考第 60 页的脚注）。量子力学以一种根本的方式扩展了相对

---

1. 或费曼路径积分。粒子从 A 到 B 的概率是对所有路径轨迹的经典作用量指数积分的平方，乘以虚数单位，除以普朗克常数。

性：一个物体的所有变量都只相对于其他物体而存在。自然只是在相互作用中描绘世界。

在量子力学描述的世界中，实在只存在于物理系统之间的关联之中。并不是事物进入关联，而是关联是"事物"的基础。量子力学的世界不是物体的世界，它是事件的世界。事物通过基本事件的发生而建立，就像哲学家尼尔森·古德曼（Nelson Goodman）在 20 世纪 50 年代写出的美妙语句那样："物体是一个不变的过程。"一块石头是在一定时间内保持其结构的量子振动，就像海浪再次融入大海前会暂时维持其形态一样。

在水面上运动，却不带走任何一滴水的波浪究竟是什么呢？波浪不是物体，在这个意义上，它不是由与它一同运动的物质构成的。我们体内的原子，也在飞入与飞离我们。我们就像波浪和一切物体一样，是流动的事件；我们是过程，在很短的时间内保持不变……

量子力学描述的不是物体，它描述的是过程，以及过程之间连接点的事件。

总结一下，量子力学发现了世界的三个特征：

• 分立性。系统状态的

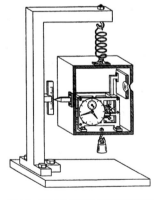

图 4.8 玻尔画出的爱因斯坦思想实验中的"光箱"

信息是有限的，由普朗克常数限定。

• 不确定性。未来并非完全由过去决定。我们所见的严格的规律性最终是统计学上的。

• 关联性。自然的事件永远是相互作用的。系统的全部事件都相对于另一系统而出现。

量子力学教会我们，不要以处在某一状态的"物体"的角度来思考世界，而应该从"过程"的角度来思考。过程就是从一次相互作用到另一次相互作用的历程。物体的属性只有在相互作用的瞬间才以分立的方式呈现，也就是只在这些过程的边缘，只在与其他物体发生关联时才出现。无法对其做出完全确定的预测，只能进行概率性的预测。

这就是玻尔、海森堡、狄拉克令人目眩的探索——直抵事物本性的深处。

但我们真的理解了吗？

诚然，量子力学是实用主义的胜利。然而，亲爱的读者，你确定已经完全理解量子力学揭示给我们的东西了吗？电子在没有相互作用时不在任何地方……嗯……物体只有在从一次相互作用跃迁到下一次相互作用时才存在……好吧……这些看起来不荒诞吗？

对爱因斯坦而言，这看起来非常荒诞。

一方面，爱因斯坦提名维尔纳·海森堡和保罗·狄拉克获得诺贝尔奖，认可他们已经理解了世界的某些基本层面。另一方面，他一有机会就抱怨说，这实在太不合理。

哥本哈根学派的年轻一代感到很沮丧：这怎么会是爱因斯坦本人说的呢？他们的精神领袖、有勇气思考不可思议之事的人，现在居然要中途退缩，害怕完成这次朝向未知的飞跃——他自己发起的这次飞跃。是他告诉我们时间不是统一的、空间可以弯曲，现在却说世界不可能如此奇怪。

尼尔斯·玻尔很耐心地把新观念解释给爱因斯坦听，爱因斯坦并不认同。玻尔最终总能找到方法回应这些反对意见。对话持续了若干年，方式有演讲、信件、文章……爱因斯坦设计了思想实验，来证明新观念是自相矛盾的："想象一个充满光的箱子，在一瞬间放出一个光子……"最著名的例子之一如此开头（图 4.8）。[1]

在交流的过程中，两位伟人都不得不做出让步，改变想法。爱因斯坦不得不承认，新理念实际上并没有自相矛盾，但玻尔也认识到，事情并没有像他想象的那样简单明了。爱

---

1. 箱子中的装置会打开右边的小窗片刻，允许一个光子在一段确定的时间内逃出箱子。通过称量箱子的质量，可以推断出释放的光子的能量。爱因斯坦希望由此给量子力学造成困难，因为量子力学预言时间和能量不能同时精确地确定。玻尔错误地回复说，解决困难的办法需要爱因斯坦的广义相对论，而爱因斯坦也错误地接受了玻尔的回复。然而对爱因斯坦提出的问题正确的回复应该是，逃离的光子的位置与箱子的质量始终彼此关联，即使光子已经离开很远。这是玻尔未能找到的答案，但如今已经很明了。

因斯坦不想在这一关键点上做出让步，他坚持认为确有独立于相互作用的客观实在。他拒绝接受理论关联性的一面，即事物只在相互作用时才出现。玻尔也坚称新理论确定的这种全新又深刻的存在方式是有效的。最终，爱因斯坦同意这一理论代表了我们对世界理解的一次巨大飞跃，并且是自洽的，但他仍然相信事物不会像理论呈现的那样奇怪——在其"背后"，肯定存在一个更为合理的解释。

一个世纪已经过去，我们仍然停留在原地。理查德·费曼比任何人都了解如何使用这一理论，他写道："我认为我可以说，没有人真正理解量子力学。"

物理学家、工程师、化学家和生物学家每天都会在其领域中运用到理论的方程及其结果，但它们仍然十分神秘。它们并不描述物理系统本身，而只是描述物理系统如何相互作用与互影响。这意味着什么呢？

物理学家与哲学家不停地问自己，理论的真正含义可能是什么，这些年来，关于这一主题的文章和会议一直在增加。已经诞生一个世纪的量子理论，究竟是什么呢？一次对实在本性的深入探索？一次碰巧奏效的荒谬错误？未解之谜的一部分？还是我们尚未完全破译的解释世界结构的重要线索？

我在这里呈现的量子力学的解释被称为"关联性解释"，是对我而言最合理的一种，已经由严肃的哲学家比如巴斯·范弗拉森（Bas van Fraassen）、米歇尔·比特博尔（Michel Bitbol）和莫罗·多拉托（Mauro Dorato）进行过讨论。但是如今在如何思考量子力学上人们并没有达成一致，还有其他物理学家和哲学家讨论过其他方法。我们处在未知的边缘，意见出现了分歧。

量子力学只是一种物理理论，也许明天就会被另一种更深刻的理解世界的方式修正。如今一些科学家试图消除分歧，使它与我们的直觉更一致。依我之见，理论在实验上的巨大成功应该让我们认真看待它，我们不应该询问自己这一理论还有什么要改变的，而是问我们的直觉有哪些局限，使得理论看起来如此奇怪。

我认为理论的晦涩难懂并非量子力学之过，而是由于我们的想象力有限。当我们尝试去"看"量子世界时，我们就如同生活在地底下的鼹鼠要给别人描绘一番喜马拉雅山一样，或是像被囚禁在柏拉图洞穴深处的人们一样。

爱因斯坦去世的时候，他最伟大的对手玻尔为他献上了令人动容的赞美之词。几年以后，玻尔去世之时，有人拍了一张他书房里黑板的照片。黑板上画了一幅画，呈现的是爱因斯坦的思想实验——"光箱"。辩论的渴望与更深入理解的渴望，一直持续到他生命的最后一刻。质疑，也持续到最后一刻。

这种永恒的质疑，正是科学的源头。

第 三 部 分

PART THREE

量 子 空 间 与 关 联 的 时 间

Quantum Space and Relational Time

如果你已经跟随我来到了这里，那么你已经具备了理解基础物理学所提供的当前世界图景的全部要素——其优势、弱点与局限。

一百四十亿年以前，弯曲时空诞生了——没人知道它是如何出现的——如今它仍在膨胀。这个空间是真实存在的实体，是一种物理场，其动力学由爱因斯坦方程描述。空间在物质引力的影响下弯曲，如果物质太密集的话，空间就会陷入黑洞。

物质分布在一千亿个星系中，每个星系又包含一千亿颗星体。这些物质由量子场构成，要么以粒子的形式显现，如电子和光子，要么以波的形式出现，比如带给我们电视画面和太阳、星星光亮的电磁波。

这些量子场组成了原子、光以及宇宙的全部内容。它们是非常奇特的物体，其量子是粒子，与其他物质相互作用才出现；没有相互作用时，它们展开成一片"概率云"。世界就是许多基本事件，沉入广阔动态空间的海洋之中，如海水般起伏。

透过这幅世界图景，以及一些使其具体化的问题，我们可以描述近乎一切所见。

是"近乎"，还是有些东西漏掉了，我们在寻觅的正是这些。本书剩下的内容就来讨论遗漏的这部分。

翻过这一页，无论是好是坏，你就经过了我们确切了解的世界，即将前往我们尚未了解但正试图瞥见的世界。

翻过这一页就像是离开了我们可靠的小型太空飞船的保护，进入了未知。

5. 时空是量子

Spacetime is Quantum

我们对物理世界理解的核心部分存在一处悖论。20 世纪留给我们的两大珍宝，广义相对论与量子力学，对理解世界与今日技术而言是十分丰富的馈赠。从前者之中发展出了宇宙学、天体物理学，以及对引力波和黑洞的研究。后者则为原子物理学、核物理学、基本粒子物理学、凝聚态物理学及许多其他分支奠定了基础。

然而在两个理论之间却有些东西很令人烦恼。它们不可能都是正确的，至少以目前的形式不可能如此，因为它们看起来相互矛盾。引力场的描述没有把量子力学考虑进来，没有解释场是量子场这一事实；量子力学的阐述没有考虑到由爱因斯坦的方程描述的时空弯曲。

一名大学生早上听了广义相对论的课，下午又学了量子力学，如果他得出结论说这些教授都是傻瓜，或者怀疑他们是不是至少有一个世纪没有交流过了，这是可以原谅的。不然为什么早上世界还是弯曲的时空，一切都是连续的；到了下午，世界就变成了不连续的能量量子跃迁和相互作用于其中的平直空间？

悖论就在于这两个理论都非常好用。

在每一个实验与检验中，大自然都一直在对广义相对论说"你是正确的"，也不停地对量子力学说"你是对的"，尽管这两个理论的基础是看似截然相反的假设。很明显，有些东西还未被我们发现。

在绝大部分情形下我们可以忽略量子力学或广义相对论（或者二者都忽略）。月亮太大了，根本不会受到微小的量子分立性的影响，因此描述其运动时我们可以忽略这一点。另一方面，原子太轻了，不可能把空间弯曲到不可忽略的程度，因此在描述原子时我们可以忽略空间的弯曲。但在有些情形中，空间的弯曲和量子的分立性都有影响，对于这些情形我们还没有一个已经确立的物理理论。

黑洞的内部就是一个例子，另一个例子是大爆炸时宇宙发生了什么。用更通俗的话来说，我们不清楚在非常微小的尺度上时间与空间如何运作。在这些情况下，如今的理论让人困惑，因为它无法告诉我们任何合理的东西。量子力学无法处理时空的弯曲，广义相对论无法解释量子。这就是量子引力的问题。

这一问题可以更深入。爱因斯坦明白，空间和时间是一种物理场，即引力场的表现形式。玻尔、海森堡和狄拉克很清楚，物理场具有量子特性：分立性、概率性、通过相互作用显现。由此可见，空间与时间一定也是具有这些奇特属性的量子实体。

那么量子空间是什么呢？量子时间又是什么呢？这就是

被我们称为量子引力的问题。五大洲的物理学家们都在努力解决这一难题。他们的目标是找到一个理论，也就是一系列方程——来解决目前量子与引力之间的不相容。

这并不是物理学第一次遇上两个非常成功但又明显矛盾的理论。过去人们为了整合理论所做的努力已经得到了回报，我们对世界的理解取得了巨大飞跃。牛顿结合了描述地球上物体运动的伽利略物理学和天体运动的开普勒物理学，发现了万有引力。麦克斯韦和法拉第把电和磁的内容放到一起，找到了电磁场方程。爱因斯坦建立了狭义相对论来解决牛顿力学和麦克斯韦电磁场之间的显著矛盾，又创立了广义相对论来解决牛顿力学和狭义相对论之间的冲突。

理论物理学家发现这一类型的矛盾后只会兴奋不已：这是个绝佳的机遇。可问题是，我们能够建立一个概念框架，来兼容上述两种理论吗？

要理解量子空间和量子时间是什么，我们需要再一次深入修正我们感知事物的方式，需要重新思考理解世界的基本原理。就像阿那克西曼德那样，领悟到地球在太空中飞行，"上"和"下"在宇宙中并不存在；或是像哥白尼那样，明白了我们正以极大的速度在天上运动；抑或如爱因斯坦，理解了时空像软体动物一样被挤压，时间在不同地方的流逝方式不同……在寻找一种与我们的已知相容的世界观时，我们关于实在本性的观点需要再次改变。

第一个意识到我们的概念基础必须转变才能理解量子引

力的是一位浪漫又传奇的人物：马特维·布朗斯坦（Matvei Bronstein），一个生活在斯大林时代、最终悲惨离世的年轻俄罗斯人。

马特维

马特维是列夫·朗道的朋友，朗道后来成了苏联最优秀的理论物理学家。认识他俩的同事会说，在他们两人中，马特维更加聪明。海森堡和狄拉克建立量子力学的基础之时，朗道错误地认为由于量子的存在，场的定义是不完善的：量子涨落会妨碍我们测量空间中某一点（任意小的区域）场的大小。高明的玻尔立刻发现朗道是错误的，他深入研究了这一问题，

图 5.1 马特维·布朗斯坦

写了一篇很详细的长文，证明即使把量子力学的影响考虑进来，场（例如电场）的定义也仍然是完善的。朗道随即放弃了这个问题。

但朗道年轻的朋友马特维对此很感兴趣，他意识到朗道的直觉虽然不够准确，但包含了一些很重要的东西。玻尔曾证明量子电场在空间中某点的定义是完善的，马特维重复了

玻尔的推理，把它应用到了引力场，此时爱因斯坦在几年前才刚刚写出引力场方程。就在此处——令人惊叹！——朗道是对的。当把量子考虑在内时，在某一点的引力场的定义是不完善的。

要理解这一点有个很直观的方式。假设我们想要观察空间中一个非常非常小的区域。要做到这一点，我们需要在这一区域放上点东西，来标记我们想要考察的点。比如说，我们在那儿放了一个粒子。海森堡认为，你无法把一个粒子放在空间中的一个点上很长时间，它很快就会逃走。我们放置粒子的区域越小，它逃走的速度就越大（这就是海森堡的不确定性原理）。如果粒子逃走的速度很大，就会具有很多能量。现在我们把爱因斯坦的理论也考虑进来。能量使空间弯曲，很多能量意味着空间会大幅弯曲，极小区域内的巨大能量会导致空间剧烈弯曲，坍缩进入黑洞，就像一颗坍缩的恒星。但如果粒子坠入黑洞，我们就看不到它了，没法把它当作空间区域的参照点了。我们无法测量空间中任意小的区域，因为如果尝试这样做，这片区域就会消失在黑洞中。

加入一点数学的话这一论证会更加准确。其结果是普遍意义上的：当把量子力学与广义相对论结合在一起时，我们会发现空间的分割是有极限的。在某一特定尺度以下，没有东西能够进入。更准确地说，那里什么都不存在。

空间的最小区域有多小呢？计算十分简单：我们只需要计算一个粒子在坠入它自己的黑洞之前的最小尺寸，结果就

显而易见了。最小的长度大约是:

$$L_P = \sqrt{\frac{\hbar G}{c^3}}$$

在平方根符号下有我们已经遇到过的三个自然常数:在第2章中讨论过的牛顿常数 G,决定了引力的强度;第3章中讨论相对论时介绍的光速 c,揭示了延展的现在;还有第4章中的普朗克常数 h[1],决定了量子分立性的尺度。这三个常数的存在证明我们确实是在考察与引力(G)、相对论(c)和量子力学(h)有关的东西。

用这种方法确定的长度 L_P,被称为普朗克长度。它本应被称为布朗斯坦长度,但世界就是这样。从数值上看,它大约等于 10^{-33} 厘米,也就是……非常小。

量子引力正是在这样极其微小的尺度上才出现。让我们对正在讨论的尺度有多小有个概念:如果我们放大一块胡桃壳,直到它变得和可观测到的宇宙一样大,我们仍然看不到普朗克长度。即便已经放大这么多了,普朗克长度仍然是放大之前的胡桃壳的百万分之一。在这样的尺度下,空间和时间的特性发生了改变。它们变成了不一样的东西,变成了"量子空间和时间",理解其中的含义就是问题所在。

马特维·布朗斯坦在20世纪30年代把这些都搞清楚了,

---

1. 普朗克常数 h 上的符号在这个方程里只是表示普朗克常数除以 2π,这是个由理论物理学家添加的相当无用又特殊的符号,因为他们认为把这个小角标放在 h 上"使它很简洁"。

并撰写了两篇短小但颇具启迪的文章。他指出，我们通常的观念是把空间看作无限可分的连续体，量子力学与广义相对论放在一起与此不相容。

然而有个问题。马特维和列夫是忠实的共产主义者，他们相信革命就是要解放人类，建立一个更美好的社会，没有不公平，没有我们仍然可以在世界各地看到的越来越多的不平等。他们是列宁的忠实追随者。斯大林掌权后，他们都感到茫然，进而批判，表示反对。他们写了一些虽然很温和但公开批判的文章……这不是他们想要的共产主义……

这是很严峻的时期。朗道坚持了下来，虽然很不轻松，但他活了下来。马特维在率先领悟到我们关于时空的观念必须彻底转变的第二年，就被斯大林的警察逮捕了，并被判处死刑。他的死刑在审判的同一天执行，1938 年 2 月 18 日。死时年仅三十岁。

▍约翰

在马特维·布朗斯坦早逝之后，许多杰出的物理学家都尝试解决量子引力的难题。狄拉克把生命的最后几年贡献给了这个问题，开辟了新的途径，引入了许多理念和技巧，目前很大一部分量子引力的工作都基于此。多亏了这些技巧，我们才知道怎样去描述一个没有时间的世界，这一点我之后会解释。费曼尝试改造他对电子和光子发展出的技巧，并应用到量子引力的语境，但没有成功。电子与光子是空间中的量子，而量子引力是别的东西。描述在空间中运动的"引力子"还不够，是空间本身需要被量子化。

一些物理学家在尝试解决量子引力难题的过程中，阴差阳错地解决了其他问题，并因此被授予了诺贝尔奖。两位荷兰物理学家，杰拉德·特·胡夫特（Gerard't Hooft）与马丁纽斯·韦尔特曼（Martinus Veltman）获得了 1999 年的诺贝尔奖，他们证明了如今被用来描述核力的理论的一致性，这些理论也是标准模型的一部分，但他们的研究计划实际上是想要证明量子引力的某个理论的一致性。他们把关于其他力的理论工作当作准备工作，这些"准备工作"为他们赢得了诺贝尔奖，但对于他们自己的量子引力理论的一致性，却未能给出证明。

这个名单还可以继续列下去，看起来就像是杰出理论物理学家的荣誉名单，但也像个失败者清单。渐渐地，经过了几十年时间，观念得以澄清，人们不再走死胡同了；技巧和一般概念得到巩固，成果开始一个接一个建立起来。要在这儿提及为这项进展缓慢的建构工作做出过贡献的众多科学家，需要列出一个非常长的名单，他们每个人都曾为这项工作添砖加瓦。

我只想提一个人，他把这项共同研究的脉络整合到了一起：卓越的、永远年轻的英国人——哲学家与物理学家——

克里斯·艾沙姆（Chris Isham）。我是在读了他的一篇讨论量子引力问题的文章后才开始迷上了这个问题。那篇文章解释了这个问题如此困难的原因，我们关于空间和时间的概念需要如何被修正，并且对当时采用的所有方法、

图5.2 约翰·惠勒

取得的成果及遇到的困难做出了清晰的综述。当时我正在读大学三年级，从头开始重新思考空间和时间的可能性让我深深着迷，这种着迷一直没有消失。正如彼特拉克吟诵的那样："纵使弓弦朽坏，我的心伤也不会痊愈。"

为量子引力做出最大贡献的科学家是约翰·惠勒（John Wheeler），一位横跨20世纪物理学的传奇人物。他是尼尔斯·玻尔在哥本哈根的学生兼合作者；是爱因斯坦移居到美国后的合作者；身为教师，他的学生中有像理查德·费曼这样的知名人物……惠勒始终身处20世纪物理学的核心。他在想象力上独具天赋，是他发明了"黑洞"这一术语，并使其流行起来。他的名字与早期关于如何思考量子时空的深入考察联系在一起，经常比数学还要直观。他吸取了布朗斯坦的经验，明白引力场的量子性质意味着在微小尺度上需要对空间概念进行修正。惠勒在寻找有助于构想这种量子空间的

崭新观念，他把量子空间想象为一群重叠的几何物体，就像我们把电子看作电子云一样。

想象你正从非常高的地方看海：你会看到巨大辽阔的海洋，平坦蔚蓝的海面。现在你往下降了一些，更近地注视它，能开始看清风吹起的海浪。继续下降，你看见海浪散开，海平面是波涛汹涌的泡沫。这就是惠勒想象出的空间的样子。[1]我们的尺度远比普朗克长度大，空间是平滑的。如果我们深入普朗克尺度，空间就会破碎，形成泡沫。

惠勒在寻找一种方式去描述这种空间泡沫，这种不同几何形状的概率波。1966 年，他的一位住在加利福尼亚的年轻同事布莱斯·德维特（Bryce DeWitt）提出了解决办法。惠勒四处奔走，尽可能地会见合作者。他约布莱斯在北卡罗来纳州的罗利达勒姆机场见面，他在那儿会有几小时转机的等候时间。布莱斯来了之后，给他展示了一个"空间的波函数"方程，运用一个简单的数学技巧[2]就可以得到，惠勒对此很感兴趣。广义相对论的一种"轨道方程"经由这次对话诞生；这个方程可以决定弯曲空间的概率。在很长一段时间里，德维特都把它叫作惠勒方程[3]，而惠勒称之为德维特方程，其他

---

1. 想要直接听到他用自己的声音念出这个比喻，请前往网址：http://www.webofstories.com/play/john.wheeler/77。

2. 德维特用导数算符替代了广义相对论哈密顿－雅可比方程中的导数（比佩雷斯完成得早一些）。他所做的与薛定谔在第一部作品中写出方程时所做的如出一辙：在粒子的哈密顿－雅可比方程中用导数算符替代导数。

3. 或是"爱因斯坦－薛定谔方程"。

人则把它称为惠勒－德维特方程。

这个想法非常棒，并且成了尝试建构整个量子引力理论的基础，但方程本身存在一些问题——而且是很严重的问题。首先，从数学角度，方程的构造真的很糟糕，如果我们用它进行计算，会得到毫无意义的无穷大的结果。方程必须改进。

另外也很难去解释这个方程，或搞懂它的含义。在这些恼人的方面中还有一点，方程中不包含时间这个变量。如果它不包含时间这个变量，怎样用它去计算发生在时间之中的事物的演化？物理学中的动力学方程，一般都包含时间变量 t。一个不包含时间变量的物理理论，意味着什么呢？接下来很多年研究都会围绕这些方程进行，试图以不同的方式进行修正，改进其定义，理解它可能的含义。

圈的第一步

20世纪80年代快要结束之时，迷雾开始散去。惠勒－德维特方程的一些解出人意料地出现了。那些年间，我先是在纽约州的雪城大学访问印度物理学家阿贝·阿什台卡（Abhay Ashtekar），后来又在康涅狄格州的耶鲁大学拜访美国物理学家李·斯莫林（Lee Smolin）。我记得那段时间尽是热烈的讨论，充满了学术热情。阿什台卡用更简单的形式重写了惠勒－德维特方程；斯莫林与华盛顿马里兰大学的特德·雅各布森（Ted Jacobson）率先找到了这些方程的一些奇特的解。

这些解有个奇怪的特点：它们取决于空间中的闭合线，一条闭合线就是一个"圈"。斯莫林和雅各布森可以为每个圈，即每条闭合线的惠勒 – 德维特方程写出一个解。这是什么意思呢？后来被熟知为圈量子引力的第一批成果从这些讨论中涌现，惠勒 – 德维特方程这些解的含义也逐渐变得清晰。在这些解的基础上，一个自洽的理论逐步建立起来，根据最初研究的成果，这一理论被命名为"圈理论"。

现在有数百位科学家在研究这一理论，从中国到阿根廷，从印度尼西亚到美国，遍布世界各地。正在逐步建立起来的理论被称为圈理论或圈量子引力，我们后面的章节要献给这一理论。在引力的量子理论研究中，它并非唯一的方向，却是我认为最有前景的一个。[1]

---

1. 圈量子引力最广为人知的替代理论是弦理论，其重点关注的不是研究空间和时间的量子属性，而是写出所有已知场的统一理论，以现有知识来看，实现这个目标也许为时尚早。

6. 空间的量子

Quanta of Space

上一章以雅各布森和斯莫林发现的惠勒－德维特方程的解结束。这些解取决于自身闭合的线，或者叫圈。这意味着什么呢？

还记得法拉第力线——传递电场力、在法拉第看来充满空间的那些线吗？作为"场"的概念起源的那些线？在惠勒－德维特方程的解中出现的闭合线就是引力场的法拉第力线。

但是现在有两个新的要素要加进法拉第的理念之中。

第一个就是我们正在处理的量子理论。在量子理论中，一切都是不连续的。法拉第力线无限连续的蛛网现在与真正的蛛网十分相似：它具有数量有限的单独的线。每一条决定惠勒－德维特方程解的线都描述了这张网内的一条线。

第二个新的方面，也是最关键的一个，在于我们正在讨论引力，因此正如爱因斯坦理解的那样，我们并不是在讨论侵入空间的场，而是在讨论空间结构本身。量子引力场的法拉第力线就是编织空间的线。

起初，研究聚焦于这些线，以及它们如何"编织"出我们的三维物理空间。人们尝试由此画出空间离散结构直观的早期图示，如图 6.1 所示。

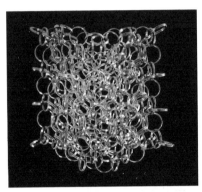

图 6.1 法拉第力线的量子版本，像相互连接的环（圈）的三维网状结构编织成的空间

不久之后，由于有了像阿根廷人豪尔赫·普林（Jorge Pullin）和波兰人尤雷克·莱万多夫斯基（Jurek Lewandowski）这样的年轻科学家的灵感和数学才能，人们才明白，理解这些解的物理学关键在于这些线的交叉点。这些点被称为"节点"，节点之间的线被称为"连线"，一组相交线形成了"图"，也就是由连线连接的节点的组合，如图 6.3 所示。

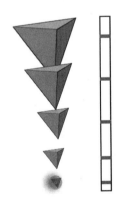

图 6.2 体积谱：自然界中可能存在的正四面体的体积是有限的。底部最小的那个是实际存在的最小体积

计算表明，如果没有节点的话，物理空间就没有体积。换句话说，空间的体积存在于图中的节点，而非存在于线中。这些线把位于节点处的单个体积"连在一起"。

要完全阐明由此得来的量子时空图景需要很长时间。需要把惠勒－德维特方程中不明晰的数学转化为足够完善的结构来进行计算，才可能得到精确的结果。阐明图形物理含义的关键就在于计算体积和面积的范围。

体积和面积的范围

取任意一块空间区域，例如你正在阅读本书的这个房间。这个房间有多大呢？房间的空间大小由体积来衡量。体积是一个取决于空间几何的几何量，但空间几何——就像爱因斯坦理解的那样，也像我在第 3 章描述的那样，是引力场。因此体积是引力场的属性，表示在房间的墙体之间有多少引力场。但引力场是个物理量，和所有物理量一样都遵从量子力学法则。体积也和所有物理量一样，不能取任意值，而只能取特定值，就像我在第 4 章描述的那样。如果你还记得的话，所有可能取值的集合被称为"谱"。因此应该存在一个"体积谱"（图 6.2）。

狄拉克为我们提供了可以计算每个物理量的谱的公式。计算体积谱花了很多时间，首先要用公式表示出来，然后进行计算,这一过程颇费周折。计算完成于20世纪90年代中期,结果和预期的一致(费曼曾说过,在知道结果以前,我们不应该进行计算):体积谱是离散的。也就是说,体积只能由"离散的小包"组成。这与电磁场的能量有些相似,电磁场也是由离散的光子构成的。

图中的节点表示体积的离散包,对光子而言,只能取特定的大小,可以用狄拉克的量子方程进行计算。[1] 图中的每个节点 n 都有其自身体积 v_n——体积谱中的一个数字。节点是构成物理空间的基本量子,图中的每个节点都是一个"空间的量子粒子"。显现的结构如图 6.3 所示。

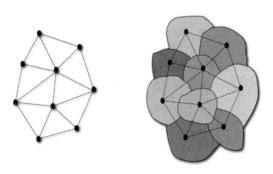

图 6.3 左图:连线连接的节点形成的图。右图:图表示的空间微粒。连线表示被表面分开的相邻粒子

一条连线是法拉第力线的单个量子。现在我们可以理解

---

1. 体积算符的本征方程。

它表示的含义了：如果你把两个节点想象为两块小的"空间区域"，这两块区域会被一个微小表面分开，这个表面的大小就是其面积。继体积之后的第二个量，就是与每条线有关的面积，标示出空间量子网络的特征。[1]

面积与体积一样，也是个物理量，有自己的谱，可以用狄拉克方程进行计算。[2] 面积不是连续的，它是分立的。任意小的面积是不存在的。

空间看起来是连续的，只不过是因为我们无法感知这些单个空间量子极其微小的尺度。就像我们仔细去看一件 T 恤的布料时，我们发现它是由很细的线编织而成的。

---

1. 由此引力的量子态用 $|j_l, v_n>$ 表示，其中 n 表示节点，l 表示图的连线。

2. 计算的结果十分简单。我在这里给出，以便你能理解狄拉克谱运作的方式。面积 A 的可能取值由如下公式给出，其中 j 是"半整数"，即整数的一半，例如 $0,1/2,1,3/2,2,5/2,3\cdots\cdots$

$$A = 8\pi L_p^2 \sqrt{j(j+1)}$$

A 是分离两个空间微粒的表面可以取的面积。8 就是数字 8，没什么特别的。π 就是我们在学校里学到的希腊字母 π：给出了任何一个圆的周长与直径关系的常数，在物理学中到处可见，我也不知为何如此。L_p 是普朗克长度，量子引力现象发生的极小尺度。L_p^2 表示 L_p 的平方，边长等于普朗克长度的小正方形的（极小）面积。因此 $8\pi L_p^2$ 只是一"小"块面积：一个极小的正方形的面积（10^{-66} 厘米^2），其边长大约是一厘米的十亿分之十亿分之十亿分之百万分之一。公式有趣的地方在于平方根和根号里面的部分。关键点在于 j 是个半整数，也就是说，其值只能是 1/2 的倍数。j 的每个取值，开根号后都有个对应值，列在表 6.1 中。

j	$\sqrt{j(j+1)}$
½	0.8
1	1.4
½	1.9
2	2.4
½	2.9
3	3.4
—	—

表 6.1 自旋（半整数）与对应的面积的值（以最小面积为单位）。把右边一列中的数字乘以 $8\pi L_p^2$，我们可以得到表面面积的可能取值。这些特殊值就像是出现在对原子中电子轨道的研究中的那些值，其中量子力学只允许特定的轨道。关键在于，由这个方程得到的值以外的面积是不存在的。没有任何表面的面积可以是 $8\pi L_p^2$ 的十分之一。

当我们说房间的体积，比如说是 100 立方米时，我们实际上是在数空间的微粒——它所包含的引力场的量子。在一个房间里，这个数值会有超过 100 个数字。当我们说这页纸的面积是 200 平方厘米，我们实际上是在数整张纸中网络或圈的连线的数目。这本书的一页纸，其量子数大约有 70 个数字。

测量长度、面积、体积实际上是在计算单个元素这一观念，已经在 19 世纪由黎曼本人提出过。身为发展了连续弯曲数学空间理论的数学家，黎曼早就清楚离散的物理空间比连续空间更为合理。

总结一下，圈量子引力理论，或者说圈理论，以一种相当保守的方式整合了广义相对论与量子力学，因为它并没有引入这两个理论以外的任何其他假设，只是进行了重写来使二者相容，但其结果却是颠覆性的。

广义相对论告诉我们空间是动态的东西，就像电磁场：一个活动的巨大软体动物，可以弯曲伸展，我们栖居其中。量子力学告诉我们每种场都由量子构成，也就是存在着精细的分立结构。因此物理空间作为一种场，也由量子构成。表示其他量子场特征的分立结构也表示量子引力场的特征，因此也表示空间的特征。我们预言会有引力的量子，正如存在光量子，电磁场的量子，以及量子场的量子——粒子。但空间是引力场，引力场的量子就是空间的量子：空间的分立成分。

圈量子引力的核心预言是空间不是连续体，不是无限可分的，它由"空间原子"组成，比最小的原子核的十亿分之十亿分之一还要小。

圈量子引力以精确的数学形式来描述这一空间的原子与分立量子结构。通过把狄拉克量子力学的一般方程应用到爱因斯坦引力场可以得到这个结果。

圈理论特别强调体积（比如给定立方体的体积）不能任意小，存在一个最小的体积，比这个最小体积还小的空间不存在。存在一个最小体积的量子，即最基本的空间原子。

空间的原子

还记得阿喀琉斯追龟吗？芝诺说，阿喀琉斯在追上这个移动缓慢的生物之前要跑完无穷多的距离，这种观点我们接受起来有些困难。数学已经为这一难题找到了一种可能的解答，证明无穷多个逐渐减小的间隔之和等于有限的间隔。

但在自然之中真的如此吗？在阿喀琉斯和乌龟之间真的存在任意短的间隔吗？去谈论一毫米的十亿分之十亿分之十亿分之一，然后再分割无穷多次，真的有意义吗？

对几何数量的量子谱的计算表明，答案是否定的：任意小的空间并不存在，空间的可分性有个下限，它虽然是非常小的尺度，但确实存在。这就是马特维·布朗斯坦在20世纪30年代凭直觉领悟到的。体积谱与面积谱的计算证实了布朗斯坦的想法，并且将它用精确的数学形式表达出来。

阿喀琉斯不需要跑无穷多步才能追上乌龟，因为在有限大小的微粒组成的空间中，无穷小的步子并不存在。英雄会离乌龟越来越近，最终以一次量子飞跃赶上它。

但仔细想一想，这不就是留基伯和德谟克利特提出的解决办法吗？他们谈到物质的分立结构，我们并不确定他们是如何讨论空间的。不幸的是，我们没有他们的文本，只能勉强使用他人引述中的稀少片段。这就像是试图通过对莎士比亚的引述来重建莎士比亚的戏剧一样。[1]亚里士多德曾引述，

---

1. 想象一下，如果我们只有其他人撰写的评论，而无法接触到明晰又复杂的原始文本，那么亚里士多德和柏拉图的理念看起来会是个多么荒谬的大杂烩！

德谟克利特推理说，连续体作为点的集合本身就不自洽，这点可以应用于空间。我想象假如我们有机会询问德谟克利特，把空间无限分割是否有意义，他的回答只能是分割一定有极限。对阿夫季拉的哲学家来说，物质是由不可再分的原子组成的。一旦理解了空间非常像物质——如他自己所言，空间有其自身属性，即"其特定的物理性质"——我怀疑他会毫不犹豫地推断说，空间也只能由不可再分的基本单元组成。我们也许只是在追随德谟克利特的足迹。

我当然并没有暗示说两千年来的物理学都是无用的，实验和数学毫无意义，德谟克利特像现代科学一样令人信服。很明显我不是这个意思。没有实验和数学，我们无法理解我们已然理解的事。然而在发展理解世界的概念模式时，我们既要探索新的理念，也借助过往巨匠强有力的灵感。德谟克利特就是其中之一，我们站在他的肩膀上发现新知。

但还是让我们回到量子引力吧。

自旋网络

在描述空间量子态的图中，每个节点标有体积 v，每条线标有半整数 j。具有这些附加信息的图被称为自旋网络（Spin Network），见图 6.4。自旋网络表示引力场的量子态：空间的量子态；面积与体积是离散的分立空间。在物理学的其他领域，细网格被用于近似地描述连续的空间。这里没有需要近似描述的连续空间：空间真的是分立的。

光子（电磁场的量子）和图中节点（引力的量子）的重要差别在于光子存在于空间之中，而引力子构成空间本身。光子由它们所在的位置来描述。[1] 空间的量子没有存在的位置，因为它们就是位置本身。只有一条信息可以描述它们的空间特征：它们相邻的也就是紧挨着的其他空间量子的信息。这一信息由图中的连线表示。由连线连接的两个节点是邻近的两个节点，它们是互相接触的两个空间微粒，这种"接触"建造了空间的结构。

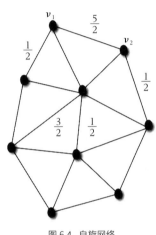

图 6.4 自旋网络

引力的量子不在空间中，它们本身就是空间。描述引力场量子结构的自旋网络不在空间之中，它们并不占据空间。空间单个量子的位置只由连线及其表示的关系来定义。

如果我沿着连线从一个点走到另一个点，直到完成一个回路，回到出发点，我就完成了一个"圈"，这就是圈理论最初的那些圈。在第 3 章中我曾证明，可以通过观察一个完

---

1. 福克空间中光子状态的量子数是动量，是位置的傅立叶变换。

成闭合回路的箭头的指向是原来的方向还是出现了偏折,来度量空间的曲率。理论的数学层面确定了自旋网络中每个闭合回路的曲率,这让求时空的曲率值成为可能,也可以根据自旋网络的结构来求引力场的力。[1]

现在,不仅要涉及量子力学的分立性,还有另一个事实,演化是概率性的——自旋网络的演化也是随机的。我会在下一章专门讲时间的时候来谈这一点。

还有一点是,物质不是它本身的样子,而是它们相互作用时的样子。自旋网络不是实体,它们描述了空间对物体的作用。就像电子不在任何位置,而是弥散在无处不在的概率云中,空间实际上也不是由单个的自旋网络形成,而是由覆盖所有可能的自旋网络范围的概率云构成。

在极其微小的尺度上,空间是一群涨落的引力子,它们之间相互作用,一起对物体产生作用,在这些相互作用中以自旋网络和相互关联的微粒来显现自己。(图6.5)

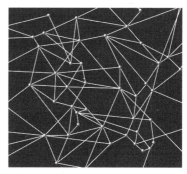

图6.5 在微小尺度上,空间是不连续的,它由互相连接的有限组成部分编织而成

---

1. 与分立空间几何有关的算符是引力连接的绕异性,用物理术语表述就是广义相对论的"威尔逊圈"。

物理空间就由这些永不停息的关联网络织就。这些线本身不在任何地方；它们不在任何位置，而是通过相互作用创造位置。空间由引力子之间的相互作用创造。

这就是理解量子引力的第一步，第二步会涉及时间，下一章会专门讲到。

7. 时间不存在

Time Does Not Exist

时间不是自己独立存在的，应该承认，离开了事物的活动，人们就不能感受到时间本身。

——卢克莱修《物性论》

有心的读者想必已经注意到，在上一章中我们几乎没有考虑时间。然而爱因斯坦在一个多世纪前就证明，我们不能把时间和空间分割开来，我们必须把它们当成一个整体即时空来考虑。是时候修正这点，把时间带回到我们的视野中了。

量子引力在围绕空间方程进行了很多年研究之后，终于有勇气直面时间这一难题了。在过去十五年间，一种思考时间的新思路出现了，下面我会试着解释一下。

在量子引力里作为物体无固定形状的容器的空间从物理学中消失了。物体（量子）并不占据空间，它们彼此依存，空间由量子间的相邻关系织就。正如我们放弃了空间是固定不变的容器这一观念，类似地，我们也必须放弃时间是固定不变的，实在随时间展开这一观念。物体存在的连续空间消失了，现在，现象发生于其中的流动的时间也要消失了。

在某种意义上，空间不再存在于基础理论之中；引力场的量子不在空间之中。同样，时间也不再存在于基础理论之中，引力的量子不在时间之内演化，时间只计算它们的相互作用。就如惠勒－德维特方程所证明的，基本方程中不再含有时间变量。时间像空间一样，是在量子引力场中出现的。

这一点在经典广义相对论里也是部分正确的，其中时间已经作为引力场的一个方面出现。但只要我们忽略量子理论，就仍然可以用传统的方式来思考时空，余下的部分实在就如同展开的挂毯一般，尽管这是一幅动态的不断变化的挂毯。一旦我们把量子力学考虑进来，就会意识到时间也具有任何实在所共有的那些面向：如概率的不确定性、分立性和关联性。

量子引力理论的第二个概念结果甚至比时间的消失还要极端。

让我们试着去理解。

⋮时间不是我们想的那样

一个多世纪以前，我们就已经清楚，时间的本质不是我们普遍以为的那样，狭义与广义相对论让这点很明确。我们常识中的时间观念在实验室中是经不起推敲的。

例如，让我们重新考虑广义相对论的第一个推论，我曾在第 3 章中阐述过。取两块手表，确保它们记录的时间相同，把一块放在地上，另一块放在家具上。等大约半小时的时间，再把它们放在一起。它们仍然会显示相同的时间吗？

如第 3 章中所描述的，答案是否定的。我们通常戴在手腕上的表，或是手机上的时钟，都没有精确到足以让我们验证这个事实，但全世界的物理实验室中都有计时器，可以显示将会出现的差异：放在地上的手表要比被举高的手表慢。

为什么呢？因为时间在世界各地并不以相同的方式流逝。在有些地方时间流逝得更快些，有些地方会慢些。你距离地表越近，引力[1]越大，时间流逝就越慢。还记得第 3 章里的双胞胎吗？他们一个生活在海边，一个生活在山上，结果最终年龄不一样。差异十分微弱：在海边生活一辈子所获得的时间与在山上相比，只差一秒钟的一小部分——但数量上的微小并没有改变差异确实存在这一事实。时间并不是像我们通常想象的那样运转的。

我们不能把时间看作一个记录宇宙生命的巨大宇宙时钟。一个多世纪以来我们已经知晓，我们应该把时间看成局部的现象：宇宙中的每个物体都有它自己的时间之流，其速度由当地的引力场决定。

---

1. 引力势。

但是当我们把引力场的量子特性考虑进来的时候，即使是局部时间的概念也不再起作用。在普朗克尺度上，量子事件不再按照时间的流逝先后发生。在某种意义上，时间不再存在。

说时间不存在是什么意思呢？

首先，时间变量从基本方程中消失并不意味着一切都是静止的，不表示改变不会发生。刚好相反，这表明变化是普遍存在的。这只是表明：基本过程不再能够被形容为"一个瞬间接着另一个瞬间"。在空间量子极其微小的尺度上，自然之舞不再追随唯一的乐团指挥手中那根棒子挥出的同一节拍，每个物理过程都遵循着自己的节奏，独立于邻近的其他过程。时间的流逝是世界所固有的，是世界与生俱来的，从量子事件之间的关系中产生。这些量子事件正是世界本身，产生它们自己的时间。

实际上，时间不存在并不是什么特别复杂的事。让我们试着来理解。

蜡烛吊灯与脉搏

时间出现在绝大多数经典物理学方程中，它是由字母 t 表示的变量，方程告诉我们事物在时间中如何变化。如果我们知道过去发生了什么，方程就可以让我们预测未来。更确切地说，我们测量一些变量——比如一个物体的位置 A，钟摆摆动的角度 B，某个物体的温度 C——物理方程会告诉我们 A、B、C 这些变量会随时间如何变化。它们预言函数 $A(t)$、$B(t)$、$C(t)$ 等，它们会描述这些变量在时间 t 内的变化。

伽利略最先领悟到地球上物体的运动可以用时间函数 $A(t)$、$B(t)$、$C(t)$ 的方程来描述，并且第一个为这些函数写出了明确的方程。比如，伽利略发现的地球物理学的第一条定律，描述了物体如何下落，即物体的高度 x 随时间 t 如何变化。[1]

要发现并且验证这条定律，伽利略需要进行两种测量——物体的高度 x 和时间 t。因此他特别需要测量时间的工具—— 一个计时器。

伽利略生活的年代没有精确的计时器。年轻的伽利略发现了制作精确计时器的关键。他发现钟摆的摆动都具有相同的持续时间（与振幅无关）。因此，有可能通过数钟摆的摆动次数来测量时间。这主意看似显而易见，却是伽利略发现的；在他之前没有任何人发现过。科学就是如此。

但事情并非真的如此简单。

据传说，伽利略是在比萨大教堂里偶然发现的这个想法，当时他正注视着一个巨大的蜡烛吊灯缓慢摆动，那个吊灯现在还在那儿。（这个传说是虚构的，因为吊灯实际上是在伽利略

---

1. $X(t)=1/2at^2$。

去世几年之后才吊上去的，但这是个好故事。也许当时有另一个吊灯在那儿。）我们的科学家在一个宗教仪式期间观察着摆动，很明显他没怎么被这个仪式吸引，他正在通过数自己脉搏的跳动来测量吊灯每次摆动的持续时间。他越来越兴奋，发现每次摆动期间脉搏跳动的次数都是相同的：当吊灯变慢、振幅变小的时候也不发生改变。摆动一直持续相同的时间。

这是个很棒的故事，但反思一下的话，它给我们留下了困惑——这一困惑直抵时间问题的核心。伽利略怎么知道他自己脉搏的跳动都维持相同的时间呢？[1]

伽利略之后没过多长时间，医生开始用手表——实际上也是钟摆，来测量病人的脉搏。所以我们用脉搏来确保钟摆的摆动是均匀的，然后又用钟摆来确认脉搏的跳动是均匀的。这难道不是一种循环吗？这表明什么呢？

这表明实际上我们从未测量过时间本身；我们一直在测量物理量 A、B、C（振动、跳动和许多其他量），把一个量与另一个量进行比较，也就是说，我们测量的是函数 A（B）、B（C）、C（A）等。我们可以数钟摆每次摆动脉搏跳动多少次；秒表嘀嗒一次有多少次振动；钟楼的钟声之间我的秒表嘀嗒了多少次……

要点在于想象时间变量 t 存在非常有用。"真正的时间"，即使我们无法直接测量它，它也在支撑着所有这些运动。我

---

1. 尤其是当时他已经兴奋了……

们可以写出物理量关于这个无法观测的 t 的方程，写出告诉我们事物在时间 t 内如何变化的方程，比如，每次振动要花多少时间，每次心跳持续多久。由此我们可以得到变量相对于彼此如何变化——一次振动有多少次心跳——并且把这个预测与我们的观察进行比较。如果预测很准确，我们就相信这个复杂的模型很合理，尤其是使用时间变量 t 很有效，即便我们无法直接测量它。

换句话说，时间变量的存在是个有用的假设，并不是观测的结果。

牛顿对此全都很清楚：他明白这是个推进的好办法，并阐明与发展了这个模型。牛顿在他的书中很明确地指出我们无法测量时间 t，但如果我们假定时间存在，就可以建立一个描述自然的有效框架。

澄清了这一点，我们就可以回到量子引力，以及"时间不存在"这一陈述的含义。它仅仅表明当我们处理微小物体时，牛顿的模型不再奏效。这是个很好的模型，但只能应用于大物体。

如果我们想要广泛理解世界，想要理解在量子引力影响下的我们不那么熟悉的情形下世界如何运作，我们就需要放弃这个模型。自行流逝的时间 t 以及事物相对于它演化的观念不再奏效。世界不再由在时间中演化的方程来描述。我们需要做的只是列举出我们实际观察到的变量 A、B、C，写出表达这些变量之间关系的方程，就足够了。也就是我们观察

到的关系 $A(B)$、$B(C)$、$C(A)$ 的方程，而不是我们没有观察到的函数 $A(t)$、$B(t)$、$C(t)$。

在脉搏和蜡烛吊灯的例子里，我们不会有在时间中演化的脉搏和吊灯，而只有告诉我们这两个变量相对于彼此如何演化的方程。也就是说，方程会直接告诉我们在一次摆动中脉搏跳动了多少次，而不涉及时间。

"不含时间的物理学"就是我们只讨论脉搏和吊灯而不涉及时间的物理学。

这是个很简单的转变，但是从概念角度来看，这是个巨大的飞跃。我们必须学会这样思考世界：它不随时间而变化，而是以其他方式变化。事物只是相对于另一事物发生变化。在基本层面上，时间不存在。我们通常对时间流逝的感觉只是在宏观尺度上的一种有效近似，这主要是源于我们只能以粗糙的方式感知世界。

理论所描述的世界与我们熟知的世界大相径庭。再没有包含世界的空间，也没有事件发生于其中的时间，有的是空间量子和物质不停相互作用的基本过程。就像平静清澈的高山湖是由无数快速振动的极小的水分子组成的，被连续空间和时间包围的幻觉是这些密集发生的基本过程产生的模糊景象。

时空寿司

这些一般概念如何应用于量子引力呢？没有作为容

器的空间，没有世界随之流逝的时间，我们如何描述变化呢？

思考一个过程，比如绿色桌面上两个台球的碰撞。想象一颗红球朝着一颗黄球的方向运动；逐渐接近，然后碰撞，两个球沿不同的方向运动。这个过程和所有过程一样，发生在有限的空间范围内——比如说在一张大约两米宽的桌子上——并且持续有限间隔的时间——比如三秒钟。要在量子引力的语境中处理这个过程，需要把空间和时间包含进过程本身（图7.1）。

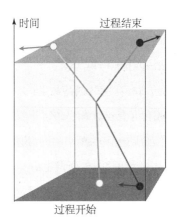

图7.1 一个空间区域，其中黑球撞击静止的白球，推动白球并且反弹。箱子就是时空的区域，其中画有球的轨迹

换句话说，我们不能只描述两个球，也要描述它们周围的一切：桌子与任何其他物体，以及从运动开始到过程结束这段时间内它们所在的空间。空间与时间是引力场，是爱因

斯坦的"软体动物"。我们也要把引力场加进来,即在过程中的一个软体动物。一切都浸在爱因斯坦巨大的软体动物里:想象你正从软体动物身上切下一小块,就像一块寿司,包含了碰撞及其周围的东西。

由此我们得到的是一个时空箱(如图 7.1 所示):有限的时空,即几立方米,几秒钟时间。这个过程不发生在时间内,这个箱子不在时空之内,它包含时空。这不是在时间之内的过程,正如空间微粒不在空间内。时间的流逝只是过程本身的量度,正如引力量子不在空间内,它们本身构成空间。

理解量子引力如何运作的关键就在于,不只要考虑两个球的物理过程,还要考虑整个箱子定义的全过程,以及它所涉及的全部,包括引力场。

现在让我们回到海森堡的独特洞见:量子力学并没有告诉我们在过程中发生了什么,而是告诉了我们把过程的初始状态和最终状态结合到一起的概率。在我们的例子中,初始状态与最终状态由时空箱边界处所发生的一切给出。

圈量子引力方程可以给我们的是与给定箱子的可能边界联系在一起的概率——球以某个特定形态从箱子里出来的概率,或者它们进入另一个箱子的概率。

这个概率如何计算呢?回忆一下我在讨论量子力学时描述过的费曼路径积分。量子引力中的概率也可以用同样的方式来计算——通过考虑具有相同边界的所有可能的"轨迹"。由于我们把时空的动力学包含在内,这意味着要考虑具有相同边界的所有可能时空。

量子力学假定，在两个球进入的初始边界与它们离开的最终边界之间，没有确定的时空，球也没有确定的轨迹。存在一个量子"云"，其中包含所有可能的时空和所有可能的轨迹。发现球从某个方向离开的概率可以通过对所有可能的时空求和来进行计算。

自旋泡沫

如果量子空间具有自旋网络结构，时空会有什么结构呢？之前在计算中提到的时空会是什么样子的呢？

它一定是个自旋网络的"历史"。假设我们取自旋网络的一张图，然后移动它，那么网络中的每个节点都会画出一条线，如图 7.1 中的球，图中的每条线运动时会画出一个面（例如运动的线段画出矩形）。但除此之外，一个节点可以扩展为两个或多个节点，就像一个粒子可以分裂为两个或更多粒子。反过来，两个或更多的节点可以结合成一个。这样，图像便会如图 7.2 一样演化。

图 7.2 中右边描绘的图像是一个"自旋泡沫"（Spinfoam）。面相交于线，随后交汇于顶点，形成如肥皂泡的泡沫（图 7.3）。之所以叫"自旋泡沫"，是因为泡沫的表面带有自旋，正如图中连线所描述的每一个演化。

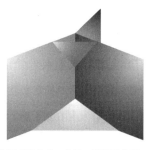

图 7.2　一个演化的自旋网络：三个节点结合成一个结，然后又分开。
右图中自旋泡沫表示了这一过程

图 7.3　肥皂泡泡沫

　　要计算一个过程的概率，我们必须对箱子里所有可能与
这一过程具有同样边界的自旋泡沫求和。自旋泡沫的边界是
自旋网络及其上的物质。

　　圈量子引力方程通过对既定边界的自旋泡沫求和来表述
这一过程的概率。原则上用这种方法可以计算任何物理事件
的概率。[1]

---

1. 自旋泡沫顶点的实际结构比图 7.2 中的要复杂一点，与图 7.4 更像一些。

初看起来，在量子引力中基于自旋泡沫的这种计算方式似乎与理论物理学中通常的计算方式有很大区别。没有给定的空间，没有给定的时间，而且自旋泡沫看起来与标准模型中的粒子相去甚远。但实际上，自旋泡沫的计算技巧与标准模型中使用的计算技巧很相似。其实不仅如此，自旋泡沫的计算技巧实际上是标准模型中两种主要计算技巧费曼图与格点近似的美妙融合。

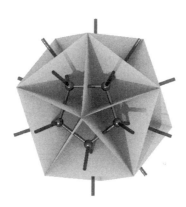

图7.4 自旋泡沫的顶点。由格雷格·伊根（Greg Egan）提供

例如，费曼图被用于计算由电磁相互作用或弱相互作用主宰的过程。费曼图表示粒子间的一系列基本相互作用。图7.5描绘了两个粒子，或者说两个场的量子的相互作用。左边的粒子分裂为两个粒子，其中一个又分成两个粒子，然后又与右边的粒子汇合并结合在一起。图表描绘了场的量子的历史演化。

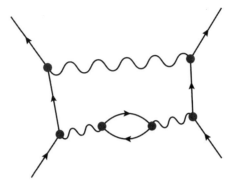

图 7.5 费曼图

格点近似用来描述强相互作用，其中粒子概念不再能被用于描述物理现象，比如计算原子核内部两个夸克之间的相互作用。格点技巧需要通过图7.6 中格点或网格的方式对连续的物理空间进行近似，但也只是一种近似，就像工程师计

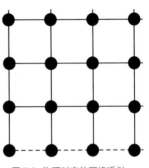

图 7.6　物理时空的网格近似

算桥的抗力时把混凝土近似为有限的几种成分。这两种计算方法——费曼图与格点近似——是研究量子场论最有效的两种技巧。

在量子引力中出现了很美妙的事情：这两种计算方法成了同一种。图 7.2 描绘的在量子引力中用来计算物理过程的时空泡沫，既可以用费曼图解释，也可以用格点近似来解释。[1] 因此，标准模型的这两种计算方法原来是一种通用方法的特殊情况：对量子引力自旋泡沫求和。

之前我列出了爱因斯坦的方程，现在我又忍不住要把圈理论的全部方程列在这儿，虽然很显然，读者要进行大量的数学学习才可能理解它们。有人曾说，如果一个理论的方程不能被印在一件T恤衫上，这个理论就不可信。下面就是圈量子引力的T恤（图7.7）。

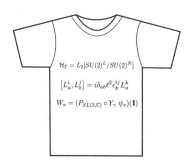

$$\mathcal{H}_\Gamma = L_2[SU(2)^L/SU(2)^N]$$

$$[L_a^i, L_b^j] = i\delta_{ab}\ell^2\epsilon_k^{ij}L_a^k$$

$$W_v = (P_{SL(2,\mathbb{C})} \circ Y_\gamma \, \psi_v)(\mathbf{I})$$

图7.7 印在一件T恤上的圈量子引力方程

这些方程[2]是我在前两章给出的世界图景的数学版本。我们并不确定它们是完全正确的方程——但在我看来，它们是

---

1. 它是费曼图，因为正如费曼图中一样，它表述的是量子的历史。除此之外，量子不再是在空间中运动的量子，而是空间的量子。它们在相互作用中画出的图像不表示空间中粒子的运动，而是表示空间本身。但最终的图像也是个格点，就如格点近似中使用的那个，因为它表示离散时空。区别在于它不是近似，而是小尺度上真实的离散空间结构。

2. 第一个方程定义了这一理论中的希尔伯特空间。第二个方程描述了算符的代数。第三个方程描述了每个顶点变化的大小，像图7.4所示的那样。

目前我们所拥有的对量子引力最好的描述。

空间是个自旋网络，它的节点代表基本微粒，连线描述其相邻关系。时空在这些自旋网络相互转化的过程中产生，这些过程由对自旋泡沫求和来描述。自旋泡沫表示自旋网络的历史，图中的节点相互结合与分开，形成分立时空。

这群产生空间和时间的微观量子，存在于我们周围的宏观实在的平静表象之下。每立方厘米的空间和每一秒流逝的时间，都来自这些极小量子舞动的泡沫。

世界由什么构成？

空间的背景消失了，时间消失了，经典粒子和经典场也消失了。那么世界到底由什么构成呢？

现在答案很简单了：粒子是量子场的量子；光由场的量子形成；空间也只不过是由量子构成的场；时间也在这个场的过程中形成。换句话说，世界完全由量子场构成（图7.8）。

这些场不在时空之内，它们一个叠着一个：场叠加着场。我们在大尺度上感知的空间与时间是其中一种量子场——引力场模糊近似的景象。

有些场本身就能存在，无须时空作为基础和支撑，可以

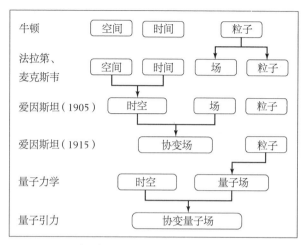

图 7.8 世界由什么构成？只有一种要素：协变量子场

自行产生时空，这些场被称作"协变量子场"。近年来，构成世界的物质已经被极度简化。世界、粒子、光、能量、空间和时间，所有这些都只不过是一种实体——协变量子场的表现形式。

协变量子场已经成为今日我们拥有的对阿派朗的最好描述，这种物质是阿那克西曼德假设的构成万物的基本物质，阿那克西曼德本人也许可以被称为第一位科学家及第一位哲学家。[1]

---

1. "所有不同的基本粒子，都能够被还原为某种我们可以称为能量或者物质的普遍实体，但基本粒子中的任何一个都不比其他的更'基本'。当然，后一见解与阿那克西曼德的学说更为一致，我相信，在现代物理学中这种见解是正确的。"维尔纳·海森堡《物理学和哲学：现代科学中的革命》。

爱因斯坦广义相对论中的弯曲连续空间，与平直统一空间中量子力学的分立量子之间的分裂消融了，显著的矛盾不复存在。时空连续体与空间量子之间的关系，就如同电磁波与光子之间的关系。光子在大尺度上的近似形象就是波，波以光子的形式相互作用。连续空间和时间是引力量子在大尺度上的近似形象，引力量子是空间和时间相互作用的方式。相同的数学一致地描述了量子引力场和其他量子场。

我们所付出的概念上的代价是不再能将空间和时间当作构造世界的一般结构。空间和时间是在大尺度上出现的近似。康德断言，知识的主体与客体是不可分的，他在这点上也许是正确的，但他把牛顿的空间和时间看作知识的先验形式，看成理解世界必不可少的基本原理的一部分，这一点肯定是错误的。这一基本原理已经发展了，并且随着我们知识的增长，还在继续演变。

最终，广义相对论与量子力学并不是看上去那样无法调和。经过更仔细的审视，它们握手言和，进行了一次友好的对话。构造爱因斯坦弯曲空间的空间关系正是构造量子力学系统之间关联的相互作用。一旦人们认识到空间和时间是量子场的不同面向，量子场甚至可以无须基于外在空间而存在，这二者就相容并联合在一起，成了同一枚硬币的两面。

这幅物理世界基本结构的精练图景就是现在量子引力提供的实在图景。

我们将在下一章看到，这种物理学的主要回馈就是：无穷消失了。不再存在无穷小。连续空间所预设的一直折磨着传统量子场论的无穷现在消失了，因为无穷完全是由物理上不正确的空间连续性假设造成的。当引力场太强时，使爱因斯坦方程看起来很荒谬的奇点也消失了——它们只是忽视了场的量子化的结果。拼图的碎片一点一点地找到了自己的位置。在本书的最后一部分，我会描述这个理论的一些物理推论。

看起来也许很奇特，也很难想象分立的基本实体不在空间和时间内，而是以它们之间的关系构造了空间和时间。但是当阿那克西曼德宣称在我们脚下有着和我们头顶所见完全相同的天空时，这听起来有多么奇怪？或者对阿里斯塔克来说，当他试图测量月亮和太阳到地球的距离时，发现它们都极其遥远，因此不会像小球那么小，而是巨大的——太阳比起地球来非常庞大。或者对哈勃而言，当他意识到星体之间小巧模糊的云层实际上是许许多多极其遥远的星星……

几个世纪以来，世界一直在改变，在我们周围扩展。我们看得越远，理解得越深入，就越对其多样性以及我们既有观念的局限性感到震惊。我们能够创造的对世界的描述正在变得愈发精练而简单。

我们就像是地底下渺小而盲目的鼹鼠，对世界一无所知。但我们一直在学习……

但那些一直被讲述的夜晚的故事，

以及对所有人心灵造成的影响，

证明那不是幻想。

尽管那些故事怪异又令人惊叹，

却逐渐让人深信不疑。

第四部分

超越时空

Beyond Space and Time

我已经阐明了量子引力的基础，以及由此形成的世界图景。在最后的几章里，我会描述一些理论的推论：关于像大爆炸和黑洞这样的现象，理论告诉了我们什么。我也会谈及检验这一理论的实验的现状，以及对我而言自然正在告诉我们什么——尤其关于未能按我们预期观测到的超对称粒子。

我们对世界的理解仍有缺失的部分，我会以对此的一些反思作结：尤其是在热力学方面，在一个像量子引力这样不包含时间和空间的理论中，信息所起到的作用，以及时间的重现。

这一切都把我们带到已知的边缘，从这一有利位置我们可以望向确切的未知，审视我们周遭巨大谜团。

8. 超越大爆炸

Beyond the Big Bang

1927 年，一位年轻的比利时科学家、受过耶稣会教育的天主教神父，研究了爱因斯坦的方程，并和爱因斯坦一样意识到，这些方程预言宇宙必然膨胀或收缩。但这个比利时神父并没有像爱因斯坦那样不明智地否认这个结果，顽固地试图回避它，而是相信这个结果，并寻找天文数据进行检验。

当时"星系"还没有被称作"星系"，它们被称为"星云"，因为从望远镜里看，它们看起来就像天体周围乳白色的小云彩。当时人们还不知道它们像我们的星系一样，是遥远巨大的星体群。但年轻的比利时神父明白，关于星系仅有的这些可用数据实际上支持宇宙正在膨胀这一可能性：附近的星系正在以巨大的速度远离，好像它们是被发射到天空里的；遥远的星系则在以更大的速度远离。宇宙像个气球一样正在膨胀。

两年之后，两位美国天文学家——亨丽爱塔·勒维特（Henrietta Leavitt）和埃德温·哈勃（Edwin Hubble）证实了这一见解。勒维特发现了一种测量星云距离的好方法，确认

它们非常遥远，在我们的星系之
外。哈勃使用这个方法和帕洛马
山天文台巨大的望远镜收集了精
确的数据，证实星系正在以正比
于距离的速度远离。

但是这位年轻的比利时神父
在 1927 年就已经领悟到了这个
关键的推论：如果我们看到一块

图 8.1 亨丽爱塔·勒维特

石头向上飞，表明这块石头之前被放在低处，有东西把它往
上抛了。如果我们发现星系正在远离，宇宙在膨胀，表明星
系之前相互离得很近，宇宙要更小，有东西使它开始膨胀。
年轻的比利时神父提出，宇宙最初是极其微小紧缩的，在一
次巨大的爆炸中才开始膨胀。他把这个初始状态称为原始原
子，如今被称作"大爆炸"。

他的名字是乔治·勒梅特（Georges Lemaitre）。在法语中，
这个名字的发音听起来像是"大师"，对第一个意识到大爆
炸存在的人来说，没有什么名字比这个更合适了。但抛开名
字不谈，勒梅特的性格十分低调；他回避争论，从未宣称自
己最先发现了宇宙大爆炸，结果这一发现最终归功于哈勃。
有两件事体现出了他的大智慧，一件与爱因斯坦有关，另一
件和教皇有关。

之前提到过，爱因斯坦曾对宇宙的膨胀持怀疑态度。他
一直都认为宇宙是静止的，无法接受宇宙膨胀的想法。即使

是最伟大的科学家也会犯错误，被先入为主的观念蒙蔽。勒梅特见到了爱因斯坦，试图劝说他放弃自己的偏见。爱因斯坦拒绝了，并回复勒梅特说："正确的计算，糟糕的物理。"之后爱因斯坦不得不承认勒梅特才是正确的那个。并不是每个人都敢于反驳爱因斯坦。

图 8.2　乔治·勒梅特

同样的事情又发生了一次。爱因斯坦引入了宇宙常数，我在第 3 章中描述过，是一个非常小但对他的方程很重要的修正，他（错误地）希望使方程与静态的宇宙相容。当他不得不承认宇宙不是静态的时，又把矛头指向了宇宙常数。勒梅特第二次劝说爱因斯坦改变主意：宇宙常数虽然没有使宇宙成为静态的，但它本身是正确的，没有理由把它从方程中去除。这一次勒梅特又做对了：宇宙常数产生了宇宙膨胀的加速度，这一加速度已经被测量出来了。又一次，爱因斯坦错了，而勒梅特是正确的。

当宇宙形成于一次大爆炸的观念开始被接受后，教皇皮乌斯十二世在一次公开演讲（1951年11月22日）中宣称，这个理论证实了《创世记》中关于创世的描述。勒梅特对教皇的观点十分担忧。他与教皇的科学顾问取得联系，竭尽全力劝说教皇避免谈论神创论与大爆炸的联系。勒梅特认为把科学和宗教这样混淆十分愚蠢:《圣经》对物理学一无所知，物理学也同样不了解上帝。皮乌斯十二世接受了劝诫，天主教会再没有公开提到过这个话题。不是每个人都敢于反驳教皇。

当然这一次勒梅特也是正确的。现在有很多讨论都提到一种可能性，那就是：大爆炸不是真正的起源，在它之前可能有另一个宇宙。想象一下，如果勒梅特没有劝阻教皇，结果大爆炸和创世成了同一个东西，天主教会如今会处于多么尴尬的境地。"要有光"不得不改成"再把灯打开"!

要对爱因斯坦和教皇提出质疑，让他们二人都确信自己犯了错误，并且两次都是对的，确实是种成就。他无愧"大师"之名。

如今证据几乎是压倒性的：在非常遥远的过去，宇宙是极其炙热与致密的，并从那时起就开始膨胀。我们可以从它最初炙热、紧缩的状态开始，详细重构宇宙的历史。我们知道原子、元素、星系和天体是如何形成并如何发展成我们今天所见的宇宙的。目前主要由普朗克卫星完成的对遍布宇宙的辐射进行的大量观测又一次完全证实了大爆炸理论。我们相当确切地了解了在过去的一百四十亿年间，宇宙从一个火球开始，在大尺度上都发生了什么。

想一想，最初"大爆炸理论"这个说法是由这个理论的对手发明的，用来嘲笑这个想法看起来十分荒谬……然而最终，我们都被说服了：一百四十亿年以前，宇宙确实是一个被压缩的火球。

但在这个最初炙热紧缩的状态之前发生了什么呢？

让时间倒流，温度会升高，物质的密度和能量也增大。到一百四十亿年前的某一点达到了普朗克尺度。在那一点，广义相对论的方程不再适用，因为此时无法忽略量子力学。我们就此进入量子引力的领域。

量子宇宙学

要理解一百四十亿年以前发生了什么，我们需要量子引力。关于这个问题，圈理论告诉了我们什么呢？

思考一个相似但简化的情况。根据经典力学，一个直接坠入原子核的电子会被原子核吞没并且消失，但实际情况却不是这样。经典力学不够完善，这时我们需要把量子效应考虑进来。真实的电子是个量子物体，没有确定的轨迹，不可能把它限定在一个非常小的区域内。它越向中心靠拢，就会越快飞走。如果我们想把它固定在原子核周围，我们能做的最多也就是让它进入最小的原子轨道，不能离原子核更近了。量子力学会阻止真实的电子陷入原子核中，当电子离中心太近时，量子斥力会把它推开。因此多亏了量子力学，物质才是稳定的。没有量子力学，电子就会坠入原子核，就不会有原子，我们就不会存在。

这点可以同样应用于宇宙。让我们想象一个致密的宇宙，由于自身的重量被挤压得极其微小。根据爱因斯坦方程，这个宇宙会被无限压缩，在某个点上会完全消失，就像陷入原子核的电子。如果我们忽略量子力学，这就会是爱因斯坦方程预言的大爆炸。

但如果我们把量子力学考虑进来，宇宙就不会被无限压缩，量子斥力会使其反弹。收缩的宇宙不会坍缩成一个点：它会反弹并开始膨胀，好像是由爆炸形成的一样（图 8.3）。

图 8.3 意大利科学家弗朗切斯卡·维多托（Francesca Vidotto）画的宇宙大反弹图示，他是最先使用自旋泡沫来计算这一过程的概率的意大利科学家

我们宇宙的过去也许正是那样一次反弹的结果。这个巨大的反弹被称为"大反弹"而非"大爆炸"。看起来这才是把

圈量子引力方程应用到宇宙膨胀时得出的内容。

反弹的图景千万不能按照字面意思来理解。回到电子的例子，回忆一下，如果我们想把一个电子放置得离一个原子尽可能近，电子就不再是粒子；我们可以想象它在一片概率云中散开。确定的位置对电子而言不再有意义。对宇宙也一样：在大反弹的重要阶段，我们不能把它想象为虽然分立但单一的空间和时间，而只能设想成散开的概率云，空间和时间在其中剧烈波动。在大反弹中，世界消融为一团概率云，这些仍然可以用方程描述。

因此，我们的宇宙很可能诞生自压缩后的反弹，经历了一个量子阶段，其中空间和时间都消融为概率。

"宇宙"一词变得模糊了。如果我们用"宇宙"表示"存在的一切"，那么根据定义，就不可能有第二个宇宙。但"宇宙"一词在宇宙学中具有另一个含义：它是指我们周围直接可见的时空连续体，其中充满了我们观测到的星系的几何与历史。在这个意义上，没有理由可以确定这个宇宙是唯一存在的宇宙。我们可以重构过去，一直到时空连续体像海洋泡沫一样破碎成碎片，变成量子概率云，就如惠勒提出的图景。我们也没有理由放弃这种可能性：在这个炙热的泡沫以外有另一个时空连续体，与我们在周围感知到的相似。

一个宇宙从收缩到膨胀，穿越大反弹阶段的概率可以用上一章描述过的时空箱方法来计算。用连接收缩宇宙和膨胀宇宙的自旋泡沫，就可以完成计算。

所有这些仍然处于探索阶段，但这个故事里值得注意的是，如今我们拥有了可以尝试描述这些事件的方程。尽管目前为止仅限于理论，但我们已经开始小心谨慎地把目光投向超越大爆炸之处。

9. 实验上的证据?

Empirical Confirmations?

量子宇宙学迷人的理论探索不只关于大爆炸以外存在何物。研究理论在宇宙学上的应用还有另一个原因:也许这能提供一个机会,来验证理论是否真的正确。

科学的有效,是因为在假设和推理之后,在直觉和洞察之后,在方程和计算之后,我们可以检验做得好不好:理论会对我们尚未观测到的东西做出预测,我们可以验证这些预测正确与否。这就是科学的力量,其可靠性有牢固的基础,让我们可以充分信任——因为我们可以检验一个理论是对还是错。这就是科学与其他思考方式的不同,其他思考方式要判定谁对谁错往往是个很棘手的问题,有时甚至没有意义。

当勒梅特为宇宙正在膨胀这一观念辩护时,爱因斯坦并不相信这个观点。他们两个肯定有一个人是错的,另一个是对的。爱因斯坦所有的成果、他的名声、在科学世界的影响、巨大的权威,都起不到什么作用。观测数据证明他错了,游戏就到此结束,一个默默无名的比利时神父是正确的。正因为此，科学思想才具有力量。

科学社会学阐明了科学认识过程的复杂性；和其他的人类努力一样，这个过程也会被非理性困扰，与权力的游戏纠缠，会被任何一种社会与文化因素影响。然而尽管如此，这些都没有削弱科学思想的实践与理论效力，这与一些后现代主义者、文化相对主义者的夸大其词正好相反。因为最终在大部分情况下，我们都可以清楚地确定谁对谁错。即使是伟大的爱因斯坦也会说（他确实说了）："啊，我犯了个错误！"如果我们看重可靠性，科学就是最好的策略。

这并不意味着科学仅仅是做出可观测的预测的艺术。一些科学哲学家把科学限定为数值上的预测，这过度窄化了科学。他们没有抓住要点，因为他们混淆了手段和目标。可检验的定量预测是验证假说的手段，但科学研究的目标不只是做出预测，还要理解世界的运行方式，建构与发展世界的图景，给我们提供用以思考的概念结构。在进入技术层面之前，科学是有远见的。

可检验的预测是强有力的工具，可以让我们在误解某些事情时及时地发现问题。缺少实验证据的理论是还没通过检验的理论。检验永不会结束，一个理论不会因为一个、两个或三个实验就被彻底证实，但随着它的预言被证明为真，理论的可信度会逐步增加。诸如广义相对论和量子力学这样的理论，最初让很多人感到困惑，但随着它们所有的预言——即使是最令人难以置信的——都逐步被实验和观测证实，它们也逐渐赢得了人们的信任。

另一方面，实验证据的重要性并不意味着没有实验数据我们就不能进步。人们常说只有当我们有新的实验数据时，科学才会进步。如果真是如此的话，在观测到新东西之前我们几乎没有希望发现量子引力，但很明显不是这样。对哥白尼而言有哪些新数据可用呢？什么都没有。他的数据和托勒密一样。牛顿有什么新数据吗？几乎没有。他真正的资料是开普勒定律和伽利略的成果。爱因斯坦有什么新数据去发现广义相对论吗？也没有。他的资料是狭义相对论和牛顿理论。只有新数据出现物理学才会进步，这个说法很明显是错误的。

哥白尼、牛顿、爱因斯坦和许多其他科学家所做的工作，是在先前存在的综合了自然众多领域经验知识的理论的基础上，发现一种方式，来对它们进行整合与重新思考，进而改进普遍的概念。

这就是关于量子引力的最好的研究的运作基础。在科学中，知识的来源最终是实验。但构建量子引力所基于的数据并不来自新的实验，而是来自已然构成我们世界图景的理论大厦，虽然是以部分自洽的形式。量子引力的"实验数据"是广义相对论与量子力学。以这些为基础，我们试图理解量子和弯曲空间共存的世界怎样自洽，并尝试探索未知。

在我们之前处在相似情境下的巨人们，比如牛顿、爱因斯坦、狄拉克，他们取得的巨大成功给了我们很大鼓励。我们并不敢设想达到他们的高度，但我们的优势在于坐在他们的肩膀上，这让我们比他们看得更远。无论如何，我们不得不努力。

我们必须区分线索和有力的证据。线索让夏洛克·福尔摩斯能够侦破神秘的案件，而法官需要有力的证据来审判罪犯。线索让我们走在朝向正确理论的道路上，有力的证据随后让我们相信我们所建构的理论是好是坏。没有线索，我们就在错误的方向上寻找；没有证据，理论就不可信。

对量子引力来说也是如此。这个理论还处在婴儿阶段，其理论构件正在变得坚实，基础理念正在被阐明：线索是好的，并且很具体——但仍然缺少被证实的预测，这个理论还没有通过检测。

来自自然的信号

在本书叙述的研究方向上，另一个被研究得最多的理论是弦理论。对弦理论或其相关理论进行过研究的大部分物理学家，都期盼着日内瓦欧洲核子研究组织的新型粒子加速器（LHC，或称大型强子对撞机）一开始运转，一种之前从未被观测到但被理论预期的粒子——超对称粒子就会立刻出现。弦理论需要这些粒子来使理论自洽，所以弦理论家热切期盼着发现粒子。另一方面，即使没有超对称粒子，圈量子引力理论的定义也很完善。圈理论家倾向于认为这些粒子也许不存在。

超对称粒子没有被观测到，这让很多人感到失望。2013年那些庆祝希格斯玻色子被发现的人也掩饰了同样的失望。超对称粒子没有出现在许多弦理论家预期出现的能量上，这并不能确切证明任何事——远远不能；但自然已经给出了有利于圈理论的小线索。

这些年在基础物理学中有三个重要的实验结果。第一个是日内瓦欧洲核子研究组织发现了希格斯玻色子（图9.1）。第二个是由普朗克卫星（图9.2）做出的观测，测量数据在2013年被公之于众，证实了标准宇宙模型。第三个是在2016年的头几个月公布的首次探测到引力波。这些是自然最近给我们的三个信号。

图9.1 欧洲核子研究组织的一个事件，表示希格斯粒子的形成

这三个结果有个共同点：完全没有惊喜。这并没有减弱它们的重要性，甚至正相反，这让它们更有意义。希格斯玻

图9.2 普朗克卫星

色子的发现强有力地证明了基于量子力学的基本粒子标准模型的正确性，这是对三十年前做出的预言的验证。对基于广义相对论和宇宙常数的标准宇宙模型而言，普朗克卫星的观测结果是个坚实的证据。对已经诞生了一百年的广义相对论来说，探测到引力波是个惊人的证据。这三项经过技术上的艰苦努力和数百位科学家广泛合作取得的成果，只是加强了我们已有的对宇宙结构的理解。没有真正的惊喜。

但这种惊喜的缺失在某种意义上就是惊喜，因为很多人都期待着能大吃一惊，也就是发现未被已确立的理论描述过的"新物理学"。他们在欧洲核子研究组织期待的是超对称粒子，而非希格斯玻色子。许多人期盼普朗克卫星能观测到与标准宇宙模型的偏差，这些偏差会支持广义相对论以外的其他宇宙理论。

但是没有。自然给出的确认很简单：广义相对论、量子力学，以及量子力学内部的标准模型，这些都是正确的。

现在许多理论物理学家通过做出很随意的假设来寻找新理论："让我们想象……"我认为这种研究科学的方式不会产生好结果。除非在我们掌控范围以内的踪迹中寻找灵感，否则我们的幻想会太局限于"想象"世界是怎样的。我们拥有的踪迹——我们的线索——要么是成功的理论，要么是新的实验数据，别无其他。我们应该在这些数据和这些理论中发现我们目前还不能想象的事。这就是哥白尼、牛顿、麦克斯韦、爱因斯坦前进的方式。他们从来不会"猜"一个新理论——不会像今天太多理论物理学家正在尝试做的那样。

目前我提到的三个实验结果已经为自然发声："不要再幻想着新的场或奇怪的粒子；附加的维度、其他对称性、平行宇宙、弦或是别的什么。拼图十分简单，就是广义相对论、量子力学和标准模型。下一步也许'只是'把它们以正确的方式进行整合的问题。"这对量子引力共同体来说是个让人欣慰的建议，因为这正是理论的假设：广义相对论、量子力学和与之相容的标准模型，再无其他。那些根本性的概念上的推论：空间的量子化、时间的消失——并不是大胆的假说，它们是在认真对待我们最优秀理论的基本洞见后得出的合理推论。

这些也可能还不是确切的证据。超对称粒子最终也许会出现，也许出现在我们尚未达到的尺度，并且即便圈量子引力是正确的，它也可能出现。超对称粒子没有出现在预期的地方，弦理论家有点沮丧，圈理论家感到很振奋，但这仍然只不过是线索的问题，还根本没有强有力的证据。

要找到更多坚实的证据，我们需要把目光投向别处。原始宇宙为我们打开了一扇窗，让我们进行一些能够证实理论正确性的预测。我希望那是在不太遥远的未来。或许他们可以证明理论是错的。

通往量子引力的一扇窗

如果我们有描述宇宙在量子阶段演变的方程，我们就可以计算量子现象对今天观测到的宇宙的影响。宇宙里充满了宇宙辐射：自早期炙热阶段余留下来的大量光子，以及早期高温的余晖。

星系间巨大空间中的电磁场像暴风雨过后的海面一样振动。这种遍布宇宙的振动被称为宇宙背景辐射，在过去的几年里已经由诸如宇宙背景探测器（COBE）、威尔金森微波各向异性探测器（WMAP），以及最近的普朗克卫星进行了研究。这种辐射的微小波动图像如图9.3所示。这种辐射结构的细节可以告诉我们宇宙的历史，宇宙量子起源的线索可能就藏身其中。

量子引力研究最活跃的板块之一正致力于研究原始宇宙的量子动力学是如何反映在这些数据中的。虽然只是获得初步发展，但仍然令人鼓舞。随着更多计算和更精确的测量，应该可以实现对理论的检验。

2013 年，阿贝·阿什台卡、伊凡·阿古略（Ivan Agullo）和威廉·尼尔森（William Nelson）发表了一篇文章，在特定的假设下他们计算出，源自这些宇宙辐射的涨落的统计分布应该揭示了初始反弹的影响：大范围的涨落应该与没有考虑量子的理论做出的预测有所不同。目前的测量状态被描绘在图 9.4 中，其中黑线表示阿什台卡、阿古略和尼尔森的预测，灰色的点表示测量数据。目前这些数据还不足以判断三位作者预测的黑线向上弯曲的部分是否正确，但测量正变得越来越精确，情况仍在变化。但那些像我一样毕生都在寻求理解量子空间奥秘的人，一直在满怀希望又焦虑地密切留意着我们观察、测量、计算能力的不断进步——期盼着自然告诉我们正确与否的那个瞬间。

图 9.3 宇宙背景辐射的涨落。这是现有的宇宙中最久远物体的图像。这些涨落产生于一百四十亿年前。通过统计这些涨落，我们希望能找到证据，来证实量子引力的预测

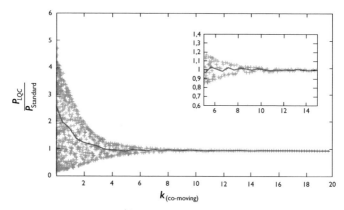

图 9.4　圈量子引力对背景辐射谱的预测（由实线表示），与目前的实验误差（由点表示）进行对比。由阿什台卡、阿古略、尼尔森提供

　　大量原始热量的痕迹肯定也留存在引力场内。引力场，也就是空间本身，肯定像海面一样振动。因此，宇宙引力背景辐射肯定也存在——甚至比宇宙微波背景辐射还要古老，因为与电磁场相比，引力波受到物质的影响要小，甚至当宇宙太致密而无法让电磁波穿过时，引力波也可以不受影响地通过。

　　现在我们用激光干涉引力波天文台（LIGO）探测器已经直接观测到了引力波，探测器由两个几千米长的仪器臂组成，彼此之间呈合适的角度，激光束可以在三个固定点之间测量距离。当引力波经过时，空间会难以察觉地伸缩，激光会显示出这一极小的变化。[1] 引力波由黑洞碰撞这一天体物理事件

---

1 这是一个干涉仪，它使用两个仪器臂间运动的激光的干涉来显示这些仪器臂距离的变化。

产生，这些现象由广义相对论描述，不涉及量子引力。但一个名为激光干涉太空天线（LISA）的更有雄心的实验正处于评估阶段，可以在大得多的尺度上完成同样的工作：在轨道中放三颗卫星，不环绕地球而是环绕太阳，它们就像是在轨道上追踪地球的小行星。三颗卫星由激光束连接，测量它们之间的距离，或者更好的是当引力波经过时测量距离的变化。如果 LISA 能够启动，它应该不仅可以看到由星体和黑洞产生的引力波，还能观测到接近大爆炸时产生的原始引力波的背景辐射。这些波应该可告诉我们量子反弹的信息。

在空间细微的不规则表现中，我们应该能够发现一百四十亿年以前宇宙起源之时发生的事件的痕迹，并且确认我们关于空间和时间本性的推论。

10. 量子黑洞

Quantum Black Holes

在我们的宇宙中存在大量的黑洞，在黑洞的区域，空间极度弯曲，最终向自身内部坍缩，时间停止。之前提到过，当一颗恒星燃尽了所有可用氢，就会坍缩，形成黑洞。

坍缩的恒星经常与邻近的恒星组成一对，在这种情况下，黑洞与其尚存的"搭档"彼此环绕；黑洞会从另一个恒星那里不断吸取物质（如图 10.1 所示）。

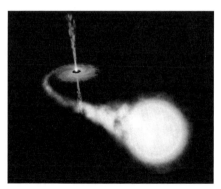

图 10.1 双星／黑洞的图示。恒星失去质量，一部分被黑洞吸收，一部分沿两极的方向喷射出去

天文学家已经发现了许多和我们的太阳一样大（实际上稍微大一些，这里的大小指质量）的黑洞，但也有巨大的黑洞。在几乎所有星系的中心都有一个巨大的黑洞，包括我们的星系在内。

位于我们星系中心的黑洞目前正在被仔细研究，其质量比我们的太阳大一百万倍。有时一颗恒星离这个庞然大物太近，就会被引力扭曲而粉碎，被巨大的黑洞吞没，就像一条小鱼被鲸吞没。想象一个有一百万个太阳那么大的庞然大物，在一瞬间吞没了我们的太阳和它微小的行星……

有个正在进行的非常棒的计划，是要建造一个遍布世界各地的无线电天线网络，由此天文学家就能够获得足够大的分辨率，"看到"巨大的黑洞。我们预期看到的是一个小黑圆盘，被陷入其中的物质的辐射产生的光包围着。

进入黑洞的东西无法再出来，至少如果我们忽略量子理论的话会如此。黑洞的表面就像是现在：只能从一个方向穿过，无法从未来返回。对黑洞而言，过去在外面，未来在里面。从外面看来，黑洞就像个球体，可以进去，但没有东西可以从里面出来。一艘火箭可以停留在离这个球体固定距离的地方，这个距离被称作黑洞的"视界"。要做到这一点需要让火箭的发动机不停地剧烈燃烧，抵消黑洞的万有引力。黑洞的巨大引力意味着对火箭而言时间会变慢。如果火箭在离视界足够近的地方停留一小时，然后飞走，它会发现外面在此期间已经过了几个世纪。火箭离视界越近，时间相对于外面走得越慢。因此，旅行到过去很困难，但旅行到未来很容易：我们只需要在太空飞船上靠近黑洞，在附近停留一会儿，然后飞走。

在视界处，时间停止：如果我们极其靠近，然后按我们的时间来算几分钟后飞走，宇宙的其他部分也许已经过去了一百万年。

真正令人惊讶的事情在于，现在通常能观测到的这些奇特物体的属性，早就被爱因斯坦的理论预见了。现在天文学家在研究太空中的这些物体，但直到不久以前黑洞都被视为一个奇特理论的古怪结果。我记得我的大学教授把它们作为爱因斯坦方程的解引入时，说"不太可能有真实物体与之对应"。这就是理论物理学家的惊人能力，他们可以在事物被观测到之前发现它们。

我们观测到的黑洞可以用爱因斯坦方程很好地描述，理解它们不需要量子力学。但是有两个黑洞之谜确实需要量子力学来解决，圈理论为这二者都提供了可能的解答，也为其中一个提供了检验理论的机会。

量子引力对黑洞的第一个应用涉及史蒂芬·霍金（Stephen Hawking）发现的一个奇特事实。20世纪70年代早期，他从理论上推导出黑洞是"热的"，它们的表现像热的物体：它们会放热。由此它们会损失能量和质量（因为能量和质量是同样的东西），变得越来越小。它们会"蒸发"。这种"黑洞蒸发"是霍金做出的最重要的发现。

物体有热量是因为它们的微观成分在运动。例如，一块热铁的原子在平衡位置附近快速振动。热空气中分子的运动比冷空气中要快。

使黑洞变得炙热的、不断振动的基本"原子"是什么呢？霍金没有解答这个问题，圈理论提供了一种可能的答案。给黑洞带来温度的、振动的基本原子是其表面单个的空间量子。

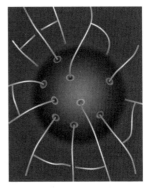

图 10.2 被圈（描述引力场状态的自旋网络的连线）穿过的黑洞表面。每个圈都对应着黑洞表面的一块量子区域

由此，使用圈理论就可以理解霍金所预言的黑洞的奇怪热量：热量是单个空间原子微小振动的结果。它们会振动，因为在量子力学的世界中一切都在振动，没有东西保持静止。量子力学的核心就是物体不可能始终完全静止在一个位置。黑洞的热量与圈量子引力中空间原子的振动直接相关。黑洞视界的准确位置只由这些引力场的微小振动决定。因此在某种意义上，视界会像热物体一样振动。

还有另一种理解黑洞热量来源的方式。量子涨落会在黑洞的内部和外部之间产生关联（我会在第 12 章中详细说明关联与温度）。贯穿黑洞视界的量子不确定性产生视界的几何涨落，而涨落意味着概率，概率意味着热力学，即温度。黑洞为我们遮蔽了一部分宇宙，但使其量子涨落以热量的形式被探测到。

一位年轻的意大利科学家欧金尼奥·比安奇（Eugenio Bianchi）——现在他在美国当教授，完成了精确的计算，展示了如何从这些理念和圈量子引力的基本方程出发得到霍金预见的计算黑洞热量的公式（图 10.3）。

图10.3 史蒂芬·霍金和欧金尼奥·比安奇。黑板上是圈量子引力描述黑洞的主要方程

圈量子引力对黑洞物理学的第二个应用更加惊人。恒星一旦坍缩，就会从外部视野中消失：它就在黑洞内部了。但在黑洞内部会发生什么呢？如果你让自己坠入黑洞，会看到什么呢？

最初没什么特别的：你会穿过黑洞表面，不会受到太大伤害——然后你会以更大的速度垂直坠向中心。再然后呢？广义相对论预言，一切都会在中心被挤压成一个体积无穷小、密度无穷大的点。但这又是我们忽略了量子理论的结果。

如果我们考虑量子引力，这个预言就不正确了——因为存在量子斥力——使宇宙在大爆炸时反弹的同样的斥力。我们预期的是，在靠近中心的过程中，坠入的物质的速度会被这种量子压力减慢，密度会非常大但有限。物质会被压缩，但不会一直压缩成一个无穷小的点，因为物质的大小存在一个下限。量子引力产生了一个巨大的压力，使物质反弹，就像坍缩的宇宙可以反弹为膨胀的宇宙一样。

如果从那儿观察的话，坍缩恒星的反弹可以非常快。但是——还记得吗——内部时间流逝得比外面要慢得多。从外面看，反弹的过程可以耗费数十亿年。漫长的时间过后，我们会看到黑洞爆炸。基本上这就是黑洞最终的样子：通向遥远未来的捷径。

因此，量子引力也许预示着黑洞并不是永远稳定的物体，正如传统的广义相对论预言的那样。从根本上来说它们是不稳定的。

这些黑洞爆炸如果被发现，对理论而言是非常惊人的证据。非常古老的黑洞，比如宇宙早期形成的那些，可能今天正在爆炸。目前的一些计算表明，这些黑洞爆炸的信号可能在射电望远镜的观测范围内。有人指出，射电天文学家已经观测到了一些特定的神秘无线电脉冲，被称为"快速射电暴"，这可能正是早期黑洞爆炸产生的信号。如果这点得到证实，那就太棒了：我们就会拥有量子引力现象的直接证据。让我们拭目以待……

11. 无穷的终结

The End of Infinity

当我们考虑量子引力的时候，广义相对论预言的大爆炸时宇宙会被无限压缩形成的无穷小的点就消失了。量子引力发现无穷小的点不存在，空间的可分性有个下限。宇宙不能比普朗克尺度还小，因为比普朗克尺度还小的东西不存在。

如果我们忽略量子力学，就忽略了这个最低限度的存在。在广义相对论预言的不正常的情境中，理论给出了无穷量，被称为"奇点"。量子引力为无穷设置了限度，"治愈了"广义相对论中不正常的奇点。

同样的事情也发生在黑洞的中心：只要我们把量子引力考虑在内，传统广义相对论预期的奇点就消失了。

还有另一种不同的情况，其中量子引力为无穷设定了限度，而它涉及的是力，比如电磁相互作用。由狄拉克创立并由费曼和他的同事在 20 世纪 50 年代完成的量子场论很好地描述了这些力，但其中充斥着数学上的荒谬。当我们用它计算物理过程时，经常会得到毫无意义的无穷大的结果，这被称为"发散困难"。发散困难随后通过计算得以消除，通过一种巴洛克式的技术过程，最终得到了有限的数字。实际上这很有效，最终得到的结果也是正确的，再现了实验测量的结果。但是为什么理论必须要经过无穷才能得到合理的数字呢？

在生命的最后几年，狄拉克对他理论中的无穷非常不满，他觉得，他还没有真正理解事物的运作方式。狄拉克热爱概念上的明晰，虽然在他看来一目了然的东西也许对其他人并不那么明显。但是无穷并不会带来明晰。

但是量子场论的无穷是由理论的一个基础假设产生的：空间的无限可分。例如，要计算一个过程的概率，我们会对这个过程可以展现的所有方式求和——像费曼教给我们的那样——而这是无穷的，因为它们可以发生于空间连续体无穷多个点中的任何一个。这就是出现无穷的结果的原因。

当把量子引力考虑进来时，这些无穷就会消失，原因很明显：空间不是无限可分的，没有无穷多的点；没有无穷多的东西可以加起来。空间的分立离散结构解决了量子场论的困难，消除了让人苦恼的无穷大。

这是个不可思议的结果：一方面，把量子力学考虑进来解决了由爱因斯坦引力理论的无穷大产生的问题，即奇点。另一方面，把引力考虑进来解决了量子场论产生的问题，即发散困难。两个理论之间远没有最初看起来那样矛盾，它们彼此为另一方提出的问题提供了解决办法。

为无穷设定限度在现代物理学中是个反复出现的主题。狭义相对论也许可以总结为发现了一切物理系统都存在一个最大速度。量子力学可以总结为发现了每个物理系统都存在信息的最大值。最小的长度是普朗克长度 L_p，最大速度是光速 c，信息的总和由普朗克常数 h 决定。这些内容总结在表格 11.1 里。

表 11.1 理论物理学发现的基本极限

物理量	基本常数	理论	发现
速度	c	狭义相对论	存在速度最大值
信息（作用量）	$\hbar$	量子力学	存在信息最小值
长度	L_p	量子引力	存在最小长度

长度、速度、作用量的最小值和最大值的存在确定了单位的自然系统。我们可以用光速的一部分测量速度，来取代千米每小时或米每秒。我们可以把光速 c 规定为数值 1，比如说写出 $v=1/2$，来描述以光速一半的速度运动的物体。同样，我们可以通过定义来假定，以普朗克长度的倍数测量长度。我们可以假定 $h=1$，以普朗克常数的倍数来测量作用量。用这种方式，我们拥有了其他物理量遵循的基本单位的自然系统。时间的单位是光走完普朗克长度所需的时间等等。自然的单位常被用于量子引力的研究。

这三个基本常数的确定为自然看似无穷的可能性设置了限度，这表明我们称之为无穷的东西只不过是我们尚未计算或理解的内容。我认为这总体上是正确的。"无穷"根本上是我们给予尚未了解之物的名字。自然似乎在告诉我们，没有什么是真正无穷的。

还有另一个无穷迷惑了我们的思考：宇宙在空间上的无限广延性。但正如我在第3章中阐述的，爱因斯坦已经找到了思考有限无界宇宙的方式。目前的测量表明，宇宙的大小肯定比一千亿光年要大。这是我们无法直接触及的宇宙的数量级。它大约是普朗克长度的 10^{60} 倍，1 后面跟着 60 个零。在普朗克尺度和宇宙尺度之间，有令人震惊的 60 个数量级。巨大，极其巨大，但是有限。

在这一空间内——从微小的空间量子尺度，到夸克、质子、原子、化学结构、高山、星体、星系（每个星系由上千亿颗恒星组成）、成群的星系，一直到超过一千亿个星系的看似无边无际的可见宇宙——显示了宇宙极端的复杂性，我们只了解这个宇宙的几个方面。巨大，但有限。

我们理论的基本方程中的宇宙常数值可以反映宇宙的尺度。因此基本理论包含了非常大的数字：宇宙常数和普朗克长度的比值。是这个巨大的数字开启了通向世界巨大复杂性的道路。但我们所发现与理解的宇宙并不是可以沉浸其中的无限。它是一片辽阔的海洋，但有限。

《德训篇》或《西拉书》[1]的开篇提出了一个惊人的问题：

> 海沙、雨点和永远的日子，谁能数清？天之高，地之宽，渊之深，谁又能测量？

这些文字创作之后不久，另一伟大的篇章被谱写出来，其开篇被传颂至今：

> 希罗王，有人认为，沙子的数目是不可数的。

这就是阿基米德《数沙者》的开篇，其中古代最伟大的科学家正在数宇宙中沙粒的数目！

他这样做是为了证明沙粒的数量非常大但有限，可以确定。古代许多系统并不能处理非常大的数字。在《数沙者》中，阿基米德发展了一种新的计数系统，与我们的指数很相似，并且不只计算了（当然是开玩笑性质的）沙滩上有多少沙子，还计算了整个宇宙沙子的数目，展示了这个方法的威力。

《数沙者》像是在开玩笑，但意义深远。凭借比启蒙运动早大约一千年的想象力，阿基米德对某种认识做出了反抗，这种认识坚持认为存在一些人类思想本质上无法触及的奥

---

1. 《德训篇》被天主教徒、大部分东正教徒和一些犹太教徒认为是《圣经》的一部分。路德教徒把它列入经文选，用作诵读、信仰、祈祷之书，但不包含在《圣经》里。大部分犹太教徒和英国国教徒的做法也是如此。

秘。他没有宣称确切地知道宇宙的维度，或者沙子的具体数目。他主张的不是知识的完备性，正好相反，他十分清楚他估算的近似性和暂时性。他谈到宇宙真实的大小有哪些可能，但没有做出明确的选择。重要的不是假设我们通晓一切，而是相反：意识到昨天的无知可能被今天阐明，今天的无知可以被明天照亮。

要点在于对放弃求知欲的反抗：宣告我们相信世界是可以被理解的，骄傲地回击那些满足于自己的无知的人，那些把我们不了解之事称为无限、把知识置于他处的人。

许多个世纪过去了，《德训篇》的文本与《圣经》的其他部分可以在无数人家中找到，然而阿基米德的文本只有少数人读过。阿基米德被洗劫锡拉库扎（Syracuse）的罗马人杀害，他是大希腊倒在罗马车辖下的最后一人，那时正值那个未来帝国的扩张，它很快就要采纳《德训篇》为其官方宗教的基础文本之一，会统治那里超过一千年。那一千年间，阿基米德的计算在一种不可理喻的环境下失去了活力：没有人能够使用它们，更别提理解它们了。

在离阿基米德的锡拉库扎不远处，是意大利最美的地方之一——陶尔米纳剧场，它面向地中海和埃特纳火山。在阿基米德的时代，剧场里经常上演索福克勒斯（Sophocles）和欧里庇得斯（Euripides）的戏剧。后来因古罗马人以看角斗士搏斗至死为乐，被改作了角斗士的搏斗场。

《数沙者》中精妙的玩笑也许不只是大胆创新的数学构

造，或是古代最杰出头脑之一的精湛技艺。这也是一次理性反抗的呐喊，认识到自己的无知，但是拒绝把知识的来源交给他人。这是一个反对无限，反对蒙昧主义的渺小，克制而有力的智慧宣言。

量子引力是继承《数沙者》之追求的众多方式之一。我们正数着构成宇宙空间的微粒。巨大的宇宙，但是有限。

唯一真正无限的是我们的无知。

12. 信息

Information

我们正在接近旅程的终点。在前面几章，我谈到了量子引力的具体应用：描述了大爆炸时期宇宙中发生的事情；描述了黑洞热量的属性，以及对无穷的消除。

在结束之前，我想要回到理论，展望未来，谈一谈信息：一个萦绕在理论物理学周围，引起兴趣和困惑的幽灵。

本章与前面的章节不太一样，我会谈及一些未经检验但定义完善的概念与理论；我会谈到一些仍然让人感到困惑、急需梳理的观念。亲爱的读者，如果你发现目前的旅程有点艰难，一定要坚持住，因为我们正在缺少空气的地带飞行。如果这一章看起来特别难以理解，那不是你的缘故，而是因为我的观念混乱。

现在很多科学家都推测，"信息"的概念也许会成为物理学新进展的关键。信息在热力学基础、热学、量子力学基础和许多其他领域中都被提及，但这个词在使用时通常模糊不清。我相信在这个概念里肯定有很重要的内容，我会试着解释原因，并说明信息与量子引力的关系。

　　首先，什么是信息？"信息"一词在通常的使用中表示着许多不同内容，这种不精确也是科学中混淆的源头。信息的概念在 1948 年由美国数学家、工程师克劳德·香农（Claude Shannon）给出了明确的定义，十分简洁：信息是对某件事可供选择的多少的量度。例如，如果我掷一枚骰子，它可以落在六个面中任意一个上。当我们看到它落在某个面上时，就有了信息量 N=6，因为可能的选择总共有 6 个。如果我不知道你的生日是在一年中的哪一天，那么就有 365 种不同的可能。如果你告诉我日期，我就有了信息 N=365，依此类推。

　　科学家用一个代表"香农信息"的量 S 来度量信息，而不是用可能选择的数量 N。S 被定义为以 2 为底的 N 的对数：$S=\log_2 N$。使用对数的好处在于计量单位 S=1 对应着 N=2（因为 $1=\log_2 2$），使得信息的单位成为最小的可选数字：在两个可能中做出选择。这个计量单位叫作"比特"。当我知道在轮盘上出现的是红色数字而非黑色数字时，我就有了一比特信息；当我知道是红色的偶数赢了的时候，就有了两比特信息；当一个红色偶数"曼克"（按轮盘赌的说法，18 或小于 18 的数字）获胜时，我就有了三比特信息。两比特信息对应着四种选择（红色偶数、红色奇数、黑色偶数、黑色奇数）。三比特信息对应着八种选择。依此类推。[1]

---

1. 一个微妙之处：信息并不量度我所知道的选择的数量，而是量度所有可能的选择的数量。当轮盘上出现数字 3 时，我得到的信息是 N=37，因为有 37 个数字；但是当数字 3 在红色取胜时，我拥有的信息是 N=18，因为有 18 个红色数字。如果我们得知了卡拉马佐夫兄弟中的哪一个杀死了他们的父亲，我们拥有的信息是多少呢？答案取决于卡拉马佐夫兄弟有多少个。

关键点在于信息可以被大致确定下来。例如，想象你手里有一个球，可能是黑色的也可能是白色的。我手里也有一个球，可能是白色的也可能是黑色的。那么现在我这边有两种可能，你那边也有两种可能，一共会有四种可能（2×2）：白—白，白—黑，黑—白，黑—黑。现在假定由于某种原因，我们能够确定两个球的颜色是相反的（比如，我们把球从一个盒子里取了出来，而这里面只有一个白球和一个黑球），总共的可能就变成了两种（白—黑或黑—白），即使我这边和你那边的可能性仍然分别有两种。请注意，在这种情况下，奇怪的事情出现了：如果你看到了你的球，就会知道我的球的颜色。在这种情况下，我们说两个球的颜色是关联的，即二者是联系在一起的。我们说我的球具有你的球的"信息"（反过来也一样）。

如果仔细想想的话，这就是我们在生活中交流时发生的事情：例如，当我给你打电话时，我知道电话在你那边造成的声音取决于我这边的声音。两边的声音是有联系的，就像球的颜色。

这个例子不是随意选取的。发明信息论的香农在电话公司工作，他一直在寻找一种可以精确测量一根电话线传输量的方式。但是电话线传输什么呢？传输的是信息，传输的是在可能选择之间做出区分的能力。香农据此定义了信息。

为何信息的概念如此有用，甚至可能是理解世界的基础呢？原因很微妙：它衡量了一个物理系统与另一物理系统交流的能力。

让我们最后一次回到德谟克利特的原子。让我们想象一个世界，它由无穷无尽的跳跃、吸引与黏合在一起的原子组成，除此之外别无其他。我们是不是漏掉了什么？

柏拉图和亚里士多德坚持认为确实有东西遗漏了，他们认为，为了理解世界，事物的形式应该作为附加的内容加入构成事物的物质中。对柏拉图而言，形式独立存在于一个充满形式或"理念"的虚无缥缈的理想世界中。马的理念先于并且独立于任何实际的马而存在，真实的马只不过是马的理念的苍白映像。组成马的原子无足轻重，重要的是"马"这种抽象形式。亚里士多德要务实一些，但对他而言，形式也不能被还原为物质。在一尊雕像中，存在的不仅是组成它的石头。对亚里士多德而言，这一多出来的部分就是形式。这是古代对德谟克利特的唯物论批判的基础，到今天也仍然是对唯物论的常见批判。

但德谟克利特真的提出一切都可以被还原为原子了吗？让我们更仔细地审视下。德谟克利特说当原子结合时，重要的是它们的形式，在结构中的排列方式，以及它们结合的方式。他以字母表中的字母为例：只有大约二十个字母，但"它们可以按照不同的方式组合，来创造喜剧或者悲剧，荒唐的故事或史诗"。

在这一理念中不只有原子：关键在于原子之间结合的方式。但是在一个只有其他原子的世界中，它们结合的方式之间又会有什么关联呢?

如果原子也是一个字母表，谁能够读懂用这个字母表写出的词语呢?

答案十分微妙：原子排列的方式与其他原子排列的方式相互关联。因此，从技术上来讲，一组原子具有信息，可以精确感知到另一组原子。

在物理世界中，这一切在不断发生着，随处可见：照到我们眼睛的光线传递了途经物体的信息；大海的颜色具有天空颜色的信息；一个细胞具有正在攻击它的病毒的信息；新生命具有很多信息，因为它与父母和种族相关联；而你，亲爱的读者，在阅读这些文字时，接收到了我在写作时思考的信息，也就是写作时我头脑中发生的事。你大脑中原子发生的事并不独立于我大脑中原子发生的事：我们在交流。

于是，世界不只是碰撞的原子网络，它也是成组的原子之间关联的网络，物理系统之间交互信息的真实网络。

这一切之中没有任何唯心论或唯灵论；只不过是香农提出的选择可以被计算这一理念的应用。这一切同样是世界的一部分，就像白云石山脉的石头，蜜蜂的蜂鸣，大海的波浪。

一旦我们意识到这种交互信息网络存在于宇宙中，就会很自然地试图用这个宝藏来描述世界。让我们从在 19 世纪末就已经被充分理解的自然的某一方面开始：热。什么是"热"呢? 说某个东西是"热的"意味着什么呢? 为什么一杯滚烫的茶水会自己冷却下来，而不是继续升温呢?

统计力学的创始人、奥地利科学家路德维希·玻尔兹曼最先弄清了其中的原因。[1]热是分子随机的微观运动：当茶热一些的时候，分子的运动更剧烈。为什么它会冷却下来呢？玻尔兹曼做出了一个绝妙大胆的假设：因为冷空气和热茶水中分子可能状态的数量少于热空气和冷茶水中分子可能状态的数量。组合状态会从可能状态较少的情形演化为可能状态较多的情形。茶水无法加热自己，因为信息无法自己增加。

我会详细说明一下。茶水分子非常多并且极其微小，我们不了解它们确切的运动，因此缺少信息。这种信息的缺少——或者说信息的丢失——是可以计算的。（玻尔兹曼做到了：他计算了分子可以处于的不同状态的数量，这个数量取决于温度。）如果茶水凉了，一小部分能量会传递到周围空气中，因此，茶水分子的运动会变慢，空气分子的运动会变快。如果计算丢失的信息，会发现它增加了。然而，如果是茶水从周围更冷的空气中吸收了热量，丢失的信息会变少，即我们知道的会更多。但信息不会从天上掉下来，它无法自己增加，因为我们不知道的东西，就是不知道。因此，茶水在与冷空气接触时无法自己加热。这听起来有点神奇，但很有效：我们可以只根据信息不会平白无故增加这条经验，来预测热如何运作。

----

1. 玻尔兹曼没有使用信息的概念，但他的工作可以被这样解读。

玻尔兹曼没有被重视。他在离的里雅斯特（Trieste）不远的杜伊诺镇（Duino）自杀了。如今他被认为是物理学的天才之一。他的墓碑上刻有他的公式：

$$S = k \log W$$

这一公式表达了（丢失的）信息是可能的选择的数量的对数，是香农的重要理念。玻尔兹曼指出，这个量与热力学中的熵一致。熵就是"丢失的信息"，也就是前面有负号的信息。熵的总量只能增加，因为信息只能减少。[1]

如今，物理学家普遍接受了这一理念：信息可以被用作阐明热量性质的概念工具。还有个观点更大胆，但也有越来越多的理论家支持：信息的概念也可被用于第 5 章阐述过的量子力学的神秘面。

回忆一下，量子力学的一个重要结论就是信息是有限的。在经典力学中测量一个物理系统[2]时，我们能够得到的可能结果的数量是无穷的；但是多亏了量子力学，我们明白了实际上这个数量是有限的。量子力学可以理解为发现了自然界中的信息总是有限的。

实际上，量子力学的整个结构都可以根据信息按照如下方式来解读和理解。一个物理系统只有在与其他物理系统相互作用时才显现。于是，对物理系统的描述也是相对于另一

---

1. 熵正比于相空间体积的对数。比例常数 k 是玻尔兹曼常数，把信息的计量单位（比特）转化为熵的计量单位（焦耳每开尔文）。

2. 在其相空间的有限区域内。

与之相互作用的物理系统给出的。因此，对系统的任何描述都是对一个系统所具有的关于另一系统的信息的描述，即两个系统之间的关联。如果用这种方式来解释，按照物理系统具有的关于其他物理系统的信息来描述，量子力学的神秘之处就没有那么深奥难懂了。

最终，对一个系统的描述只不过是总结过去所有与之发生的相互作用，并使用它们来预测未来相互作用的影响。

量子力学的整个形式结构很大程度上可以被表述为两条简单的基本原理：

1. 任何物理系统中的相关信息是有限的。

2. 你永远能够得到一个物理系统的新信息。

在这里，"相关信息"是我们拥有的关于一个给定系统的信息，由我们过去与之发生的相互作用得来：信息允许我们预测与这个系统未来相互作用的结果。第一条基本原理表示了量子力学的分立性特征：只存在数量有限的可能性。第二条表示了其不确定性特征：总是存在一些无法预测的事，让我们能得到新的信息。当我们得到关于某一系统新的信息时，相关信息的总量不能无限增加（由于第一条基本原理），之前信息的一部分变得不相关了，也就是说，它对预测未来不再有任何作用。在量子力学中，当我们与一个系统相互作用时，我们不仅了解到了一些内容，也"删去"了关于系统的一部分相关信息。[1]

---

1. 这被不太恰当地称为波函数的"坍缩"。

量子力学的整个形式结构很大程度上遵循这两条简单的基本原理。因此，理论使自己得以用信息来表达，这相当惊人。

第一个意识到信息的概念对理解量子实在极其重要的人是约翰·惠勒，量子引力之父。惠勒创造了"万物源于比特"的说法来表达这一点，表示"一切都是信息"。

于是，信息又出现在量子引力的语境里。回忆一下：任何表面的面积都是由与这个表面相交的圈的自旋决定的。这些自旋是离散量，每一个都对面积起作用。

具有固定面积的表面可能由这块面积上的基本量子以许多不同方式形成，比如说以 N 种方式。如果你知道表面的面积，但不确切知道这块面积的量子是怎样分布的，你就丢失了关于这个表面的信息。这就是计算黑洞热量的方式之一：被一块特定面积的表面包围的黑洞，这一面积的量子可能有 N 种不同的分布。就像那杯茶一样，其中的分子可能以 N 种不同的方式运动。因此我们可以把丢失的信息的量，也就是熵，与黑洞联系起来。

与黑洞联系在一起的信息量直接取决于黑洞的面积 A：黑洞越大，丢失的信息越多。

当信息进入黑洞后，就不能从外面找回了。但是进入黑洞的信息携带了能量，黑洞变大了，增加了面积。从外面看来，在黑洞中丢失的信息现在表现为与黑洞表面面积联系在一起的熵。第一个猜想其中有相似之处的是以色列物理学家雅各布·贝肯斯坦（Jacob Bekenstein）。

但是情况一点也没有更明了，因为如我们在上一章看到的，黑洞会发出热辐射，非常缓慢地蒸发，变得越来越小，最终有可能消失，融入普朗克尺度下构成空间的微观黑洞的海洋中。当黑洞收缩时，陷入黑洞的信息去哪儿了呢？理论物理学家正在就这个问题展开辩论，没人有完全明确的答案。

我相信，这一切都表明，为了理解世界的基本原理，我们需要把三个基本要素融合在一起，而不止是两个：不只是广义相对论与量子力学，还包括热理论，也就是统计力学与热力学，我们也可以称之为信息理论。但是广义相对论的热力学，也就是空间量子的统计力学，仍然只处于最初阶段。一切都仍然让人困惑，还有很多东西需要理解。

这一切都把我们带到我在本书中要描述的最后一个概念：热时间。

热时间

热时间概念根源处的问题十分简单。在第 7 章中，我证明了不需要使用时间概念来描述物理学，最好把时间彻底忘掉。时间在物理学的基本层面没有任何作用。一旦我们理解了这一点，就很容易写出量子引力的方程。

在宇宙的基本方程中，有很多日常概念不再起作用；例如"上"与"下"，"热"与"冷"，所以共有的日常概念从基础物理学中消失，这并没有什么特别奇怪的。然而，一旦我们接受了这个观念，很明显就会碰到下一个问题。我们如何找回日常经验的概念？它们在特定的环境中是如何形成的呢？

例如，"上"和"下"的概念没有进入牛顿方程中，但在一张没有绝对上下的图中，我们知道它们的含义。在一个大物体比如行星附近，"上"和"下"是有意义的。"下"表示邻近的大物体施加引力的方向，朝向大物体；"上"表示相反的方向。"热"和"冷"也一样：在微观层面没有"热"或"冷"的物体，但是当我们把大量微观成分放在一起，按平均值进行描述时，"热"的概念就出现了：热的物体单个成分的平均速度会被升高。我们可以在特定的情形下理解"上"和"热"的含义，比如邻近存在物质，或我们只处理很多分子的平均值时，等等。

对"时间"来说也是类似的：时间的概念可能在基本层面没有作用，但它在我们的生活中会起到重要作用，就像"上"和"热"那样。如果时间不能被用于描述世界的基本层面，那么"时间的流逝"意味着什么呢？

答案很简单。时间的起源也许和热的起源很相似：它来自许多微观变量的平均值。让我们具体看一看。

时间和温度之间存在联系是个古老又反复出现的观点。如果你想一下的话，会发现有时间流逝的一切现象都与温度有关。时间的显著特点是向前移动，不会向后移动，也就是不可逆的。与热无关的力学现象则是可逆的。如果我们把它们拍摄下来，然后把影片倒着放，也不会觉得有任何问题。比如，我们拍摄一个摆动的钟摆，或是被向上抛出后又落下的石头，然后倒着观看影片，我们仍然能看到合乎情理的钟摆摆动，或是石头升高又落到地上。

当石头接触地面并停下来时，你就会提出反对意见了：因为如果你倒着看影片，就会看到石头自己从地上跳起来，而这令人难以置信。但是当石头接触地面并且停下来时，它的能量去哪儿了呢？它加热了地面！在热量产生的那个时刻，过程就不可逆转了：过去与未来被区分开来。一直是热量并且只有热量才能把过去与未来区别开。

这是普遍存在的。燃烧的蜡烛会转化为烟——烟无法转化为蜡烛——而蜡烛会产生热量。一杯滚烫的茶水冷却，不再升温：它会散发热量。我们活着，变老：产生热量。我们的旧自行车会随着时间磨损：通过摩擦产生热量。想想太阳系，首先粗略来看，太阳系像一个巨大的持续运转的机械装置，始终保持原样。它不产生热量，实际上如果你倒过来看，也不会觉得有什么奇怪的地方。但是更仔细观察的话，不可逆的现象也存在：太阳正在消耗其可燃氢，最终会耗尽并熄灭：太阳也在变老，在产生热量。月亮看起来像是永恒不变地环绕地球运动，一直维持原状，然而实际上它在缓慢远离地球。这是因为月亮引起了潮汐，潮汐稍微加热了海洋，从而与月亮交换了能量。无论何时，当你去思考一个要证明时间流逝的现象时，都会发现是通过热量的产生来证明的。没有热量，时间就没有选定的方向。

但通过热我们可以给许多变量的平均值命名。

热时间的概念把这种经验颠倒过来，也就是不去探究时间怎样产生热量的损耗，而是询问热量如何产生时间。

多亏了玻尔兹曼，我们了解了热的概念来源于我们与平均值的相互作用。热时间的概念在于，时间的概念也源自我们只与许多变量的平均值相互作用这一事实。[1]

只要我们拥有对一个系统的完整描述，系统的所有变量就具有同等的地位，没有哪个充当时间变量。也就是说：没有变量与不可逆现象相关。但只要我们用许多变量的平均值来描述系统，我们就有了一个优先选取的变量，其作用和通常的时间一样，也就是热量随之耗散的时间，我们日常经验中的时间。

因此时间并不是世界的基本组成部分，但看起来却是，因为世界如此浩瀚，我们只是世界里的微小系统，只与无数的微观变量平均后的宏观变量相互作用。在日常生活中，我们从没见过单个的基本粒子，或者单个空间量子。我们看到石头、高山和朋友的脸庞——我们所看到的这些东西，每一

---

1. 在学术上是这样操作的：玻尔兹曼统计由相空间中哈密顿量指数给出的函数来描述，哈密顿量可以产生时间的演化。在一个没有定义时间的系统中，没有哈密顿量。但如果我们有统计分布，就可以取其对数来定义哈密顿量，从而有了时间的概念。

个都由无数的基本要素组成。我们始终在与平均值发生关联，平均值的运作就是：损耗热量，并且从中产生时间。

理解这个概念的难点在于我们很难想象一个没有时间的世界，很难想象时间以一种近似的方式出现。我们太习惯于认为实在存于时间之中。我们是生活在时间里的生物，我们存在于时间里，并且被时间滋养。我们是这种由微观变量平均值产生的时间的结果。但我们直觉的局限不应该误导我们，更好地理解世界需要与直觉相违背。如果能超越我们的直觉，理解世界就会简单得多。

时间是我们忽略了事物微观物理状态的结果。时间是我们所没有的信息。

时间是我们的无知。

实在与信息

为什么信息扮演了如此重要的角色？也许是因为千万不能把我们了解的关于某个系统的内容与该系统的绝对状态相混淆，我们了解的内容涉及系统和我们之间的关系。知识本质上是关联的，它同时取决于主体与客体。系统"状态"的概念，不管是否显而易见，都涉及另一个系统。经典力学让我们误以为我们可以无视这个简单事实，以为至少在理论上我们可以达到一种完全独立于观察者的对实在的洞见。然而物理学的发展已经表明这是不可能的。

请注意：当我说我们"拥有"关于一杯茶温度的"信息"，或是我们"没有"关于单个分子速度的"信息"，我不是在谈论精神状态，或是抽象的概念。我只是表明物理学定律决定了我们与温度之间的关联（例如，我观察了温度计），或是没有表明我们与单个分子速度之间的关联。这和我在本章开头提到的信息的概念是一样的：在你手中的白球具有我手中的球是黑色的"信息"。我们正在处理的是物理事实，而非精神概念。在这个意义上，一个球具有信息，即使球不具有精神状态，就像一个USB存储设备包含着信息（印在设备上的千兆字节数可以告诉我们它能容纳多少信息），即便一个USB存储设备不能思考。这个意义上的信息——系统状态之间的关联——在整个宇宙中都是普遍存在的。

我相信为了理解实在，我们必须牢记在心，实在就是编织成世界的关联网络、交互信息网络。我们把周围的实在切割成客体，但实在不是由离散的客体组成的，它是变化的，流动的。想一想大海的波浪，一个波浪在哪里终结，从哪里开始？想想高山，一座山从哪里开始，在哪里结束？它在地表之下又延续多远？这些都是没有什么意义的问题，因为一个海浪和一座山不是独立存在的客体，它们是我们把世界切分后理解世界的方式，以便进行讨论。这些界限是任意划分、约定俗成的，使用起来很方便：比起海浪与高山，它们更多取决于我们（作为物理系统）。它们是组织我们所拥有的信息的方式，或者说，是我们所拥有的信息的形式。

充分思考的话，这对任何物体都适用，也包括生命体。所以问下面这些问题没什么意义：剪掉一半的指甲后，"我"仍然是"我"，还是已经"不是我"；猫留在沙发上的毛发仍然是猫的一部分，还是不再是；一个孩子的生命到底是何时开始的：是在他成为胎儿很久以前，有个人第一次梦到他，还是他第一次形成自我形象，抑或是他第一次呼吸，认识了自己的名字？我们可以使用各种其他的约定，它们都很有用，但是很随意。它们是思考的方式，可以在复杂的实在中为我们指明方向。

生命体是一个系统，会不断更新自己来维持自身，不断与外界相互作用。在这些生物体中，只有那些更新更有效率的才能继续生存，因此生命体会展现出适合它们维持生存的特质。出于这种原因，它们是可以被解释的，我们根据意图与目的来对它们进行解释。生物世界目的论的一面（这是达尔文的重大发现）是对繁衍中有效的复杂形式进行选择的结果，但是在一个多变的环境中持续生存的有效方式就是与外在世界维持更好的关联，其关键就是信息——去收集、存储、传递、精炼信息。由于这个原因，DNA、免疫系统、感觉器官、神经系统、复杂的大脑、语言、书籍、亚历山大图书馆、电脑与维基百科才得以存在：它们把信息处理的效率最大化——处理对生存有利的关联。

亚里士多德在一块大理石中看到的雕像不仅是一块大理

石：那不是只存在于雕像中的抽象形式，它存在于亚里士多德或我们的头脑与大理石的关联中；它是大理石提供的对亚里士多德或我们而言某种重要的信息。它与掷铁饼者、菲狄亚斯（Phidias）、亚里士多德和大理石有关，存在于雕像原子的相关排列中，存在于我们或亚里士多德头脑里的各种关联中。这里谈到的掷铁饼者的信息，正如你手中的白球告诉你我手中的球是黑色的。我们被设计来处理这种信息并由此得以生存。

即使从这个简要的综述中也可以清楚地看出，信息的概念在我们理解世界的努力中发挥了重要的作用。从交流到基因的基础，从热力学到量子力学，一直到量子引力，信息的概念作为理解的工具正在普及。世界不应该被理解为无组织的原子的集合——而应该被理解为一种映射游戏，以这些原子组合形成的结构之间的关联为基础。

正如德谟克利特所说，这不仅是这些原子的问题，也是这些原子排列顺序的问题。原子就像是字母表中的字母：一个不同寻常的字母表，异常丰富，甚至可以阅读、反思与思考自身。我们不是原子，我们是原子排列的顺序，能够映射出其他原子与我们自身。

德谟克利特给出了一种奇特的"人"的定义：人是我们所知的一切。乍看起来似乎很愚蠢，没有意义，但事实并非如此。

研究德谟克利特的重要学者萨洛蒙·卢里亚（Salomon

Luria）评论说，德谟克利特留给我们的不是陈词滥调。人的本性不是他的内在结构，而是他置身其中的个人、家庭、社会相互作用的网络。是这些"造就"了我们，保护着我们。作为人类，我们是他人了解的我们，我们了解的自己，以及他人所了解的我们的信息。我们是交互信息的丰富网络中复杂的节点。

这一切不只是理论。我相信，这是我们试图更好地理解周围世界时遵循的路线。我们仍然有很多东西要去了解，我会在最后一章里谈到这点。

13. 秘密

Mystery

真相在深处。

——德谟克利特

根据迄今为止我们所了解的内容，我已经叙述了我所认为的事物的本质。我总结了基础物理学中一些重要概念的发展，举例说明了 20 世纪物理学做出的一些伟大发现，以及从量子引力理论研究中形成的世界图景。

我能够确定这一切吗？我不能。

在科学史上，最古老与最美丽的篇章之一就是柏拉图的《斐多篇》中苏格拉底解释地球形状的段落。

苏格拉底说他"相信"地球是个球体，人居住在巨大的山谷中。他基本上是对的，虽然有点让人困惑。他补充道："我不确定。"这一页比余下对话中充斥的灵魂不朽性的废话要有价值得多。这不仅是流传下来的清楚讨论地球一定是球形这一事实的最古老的文本，更重要的是，它如水晶般清澈地闪耀着，柏拉图承认了他那个时代知识的局限。"我不确定。"

苏格拉底说。

敏锐地意识到我们的无知，这正是科学思想的核心。正是由于意识到知识的局限性我们才学到了这么多。对于一切推测，我们都不确定，正如苏格拉底不确定地球的球形本质。我们正在知识的边界进行探索。

意识到我们知识的局限也就是意识到我们所了解的也许会是错误的或不准确的。只有记住我们的信念有可能是错的，我们才有可能把自己从错误的概念中解放，并学习到正确的观念。要学习某件事，必须有勇气接受我们自认为知道的，即使最根深蒂固的信念都有可能是错的，或至少是不成熟的：只不过是柏拉图洞穴墙上的影子。

科学就诞生于这种谦卑：不盲信我们过去的知识和直觉，不相信任何人所说的，不相信我们的父辈与祖先积累的知识。如果我们认为已经了解了世界的本质，如果我们假定它们写在一本书里或由部落的长老掌握着，我们就什么也学不到。人们笃信他们所相信的，就不会学到什么新东西。如果爱因斯坦、牛顿、哥白尼信任祖先的知识，他们就不可能对事情提出质疑，不会使我们的知识向前发展。如果没人有疑问，我们就还在崇拜法老，认为地球被巨大的乌龟驮在背上。即使是我们最有效的知识，比如牛顿所创立的，也可能像爱因斯坦证明的那样，是过度简化的。

科学有时会因为自称要解释一切、认为自己对每个问题都有答案而受到批评，这种指责很奇怪。全世界在任何一间实验室里工作的任何一位研究者都清楚，做科学就意味着每天都要面临无知的局限——有无数你不知道也不会做的事情。这与宣称了解一切截然不同。我们不知道明年在欧洲核子研究组织会看到哪些粒子，或是未来的望远镜会显示什么，抑或是哪些方程可以真正描述世界；我们不知道怎样解已有的方程，有时也不理解它们表示的含义；我们不清楚正在研究的美妙理论是否正确；我们不知道大爆炸以外有什么；我们不知道风暴、细菌、眼睛或是我们体内的细胞、思想过程如何运作。科学家是深刻意识到我们的无知、直接接触我们自身的无数局限与理解上的局限的人。

但如果我们什么都无法确定，又怎么可能依赖科学告诉我们的东西呢？答案很简单，科学是不可靠的，因为它提供确定性。但它又是可靠的，因为它提供给我们目前所能拥有的最好的答案。科学是目前为止关于我们所面对的问题的最大已知。恰恰是因其开放性，因其不停对当前知识提出疑问，才保证了它所提供的答案是目前为止最好的：如果你找到了更好的答案，这些新答案就变成了科学。当爱因斯坦找到了比牛顿更好的答案，他没有质疑科学给出最佳可能答案的能力——刚好相反，他肯定了这一点。

于是，科学给出的答案是不可靠的，因为它们是确定的。它们是可靠的，因为它们是不确定的。它们是可靠的，因为它们是已知最好的。它们是我们拥有的最好的答案，因为我们认为它们不是确定的，而是存在改进的可能性。正是意识到我们的无知，科学才变得可靠。

我们需要的正是可靠性，而非确定性。我们没有绝对的确定性，并且也永远不会有——除非我们接受盲目的信仰。最可信的答案来自科学，因为科学就是对已有的最可信答案的寻求，而不是对自称确定无疑的答案的寻求。

虽然根植于过往的知识，科学仍然是基于不断发生的变化的冒险。我讲的故事回溯上千年，追溯了珍视合理观念的科学历史，但当发现更奏效的东西时，科学会毫不犹豫地抛弃旧理念。科学思想的本质就是批判、反抗与不满于先前的概念，崇高、神圣或不可触摸的真理。对知识的探求不会被确定性滋养：它得益于对确定性根本上的不信任。

这意味着不信任那些宣称掌握真理的人。由于这个原因，科学和宗教频繁发现它们在碰撞。不是因为科学宣称掌握了终极答案，而是恰好相反：因为科学精神质疑任何宣称掌握终极答案或是对真理有特权的人。这种怀疑在一些宗教地区很令人不安。不是宗教让科学感到不安：而是有些特定的宗教对科学思想感到不安。

接受我们知识本质上的不确定性就是接受生活在无知与神秘中，接受与我们无法知晓答案的问题共处。也许我们还未知晓答案，也许我们永远不会知晓。谁知道呢？

与不确定性共处也许很困难。比起认识到我们自身的局限而相信不确定性，有些人更偏爱即便是没有事实根据的确定性。有些人会更愿意相信一个故事，只是因为部落的祖先都这样相信，而不会勇敢地去接受不确定性。

无知很可怕。出于恐惧，我们会讲一些故事来安抚自己：在星星之上有个魔法花园，有个慈祥的长辈会把我们拥入怀抱。这个故事是否真实并不重要，重要的是很让人安心。

在这个世界上，总有人宣称可以告诉我们终极答案。世界上到处都有人说他们拥有真理，说他们是从祖先那里得到的，或在一本伟大的书里读到过，或是直接从神那里得到，又或是在自己内心深处得到了真理。总有人假定自己是真理的受托者，而没有注意到世界充满了其他的真理受托者，每个人都有他自己的真理，和其他人的都不一样。总有些身披白袍的先知喃喃自语道："跟我来，我就是真实的道路。"

我没有批评那些乐于相信这些内容的人：我们都可以自由地相信我们愿意相信的。也许圣·奥古斯丁讲的笑话中包含着一丝真理：上帝创造世界之前在做什么？他在为思考深层奥秘之人准备地狱。但这些深层的奥秘恰恰就是在本章开头引用的德谟克利特的"深处"，它们邀请我们去探索真理。

就我而言，我喜欢直面我们的无知，接受它，并力图看得更远一些：努力理解我们能够理解的。不是因为接受无知是避免陷入迷信和偏见的方式，而是因为接受我们的无知首先是对自己最真实、最美好，尤其是最诚实的方式。

力求看得更远、走得更远，对我来说是赋予生命意义的最美好的事情之一。就像爱，或仰望天空。学习，发现，看向下一座山的好奇心，品尝苹果的欲望，是这些东西使我们成为人。正如但丁的尤利西斯提醒他的同伴，我们不是为了"像野兽那样活着，而是为了追求美德与知识"。

世界比祖先给我们讲过的任何寓言都更加不同寻常与深奥广博。我想到世界之中去看看。接受不确定性并不会削减我们对神秘的感知，正好相反，我们沉浸在神秘与世界的美之中。量子引力揭示的世界新鲜又奇特，它仍然充满奥秘，但与其简洁、清晰之美浑然一体。

这是个不存在于空间也不在时间中演化的世界，一个只由相互作用的量子场组成的世界，通过密集的相互作用网络产生空间、时间、粒子、波与光（图 13.1）。

> 延续着，延续着，充满生命与死亡；
>
> 温柔，却怀有敌意；清晰，却不可知晓。

诗继续道：

> 由瞭望台，放眼望去，眼界所及，直挂天际。

一个没有无穷的世界，其中无穷小不存在，因为这片浩瀚有个最小尺度，在它之下空无一物。空间量子与时空泡沫混合，事物的结构诞生于交互信息，编织成世界不同区域间的关联。一个我们能用一组方程来描述的世界。也许，方程还要进行修正。

图 13.1 量子引力的直观表示

这是个辽阔的世界，还有许许多多要去阐明与探索。这是我最喜欢的一个梦想：有个人——我希望是这本书的一位年轻读者——能够在世界中航行，并更好地解释它。在下一座山之外，还有更广阔的世界，等待我们去发现。

La realtà non è come ci appare © Carlo Rovelli, 2014

© 2014, Raffaello Cortina Editore

著作权合同登记号：18-2017-043

图书在版编目（CIP）数据

现实不似你所见 /（意）卡洛·罗韦利著；杨光译
. -- 长沙：湖南科学技术出版社，2017.10（2024.1 重印）
ISBN 978-7-5357-9548-9

Ⅰ.①现… Ⅱ.①卡… ②杨… Ⅲ.①引力量子理论
Ⅳ.①O412.1

中国版本图书馆 CIP 数据核字（2017）第 226325 号

上架建议：畅销·科普

XIANSHI BUSI NI SUOJIAN
现实不似你所见

著　者：[意]卡洛·罗韦利
译　者：杨　光
出 版 人：张旭东
责任编辑：林澧波
监　制：吴文娟
策划编辑：董　卉
特约编辑：陈晓梦　宋　歌
版权支持：刘子一　辛　艳
营销编辑：闵　婕　傅　丽
装帧设计：索　迪　李　洁
出版发行：湖南科学技术出版社
　　　　　（湖南省长沙市湘雅路 276 号　邮编：410008）
网　址：www.hnstp.com
印　刷：北京中科印刷有限公司
经　销：新华书店
开　本：855mm×1180mm　1/32
字　数：150 千字
印　张：7.75
版　次：2017 年 10 月第 1 版
印　次：2024 年 1 月第 9 次印刷
书　号：ISBN 978-7-5357-9548-9
定　价：68.00 元

若有质量问题，请致电质量监督电话：010-59096394
团购电话：010-59320018